粤菜文化传承与创新实践案例

深圳职业技术大学
深圳市赖岽粤菜师傅技能大师工作室
组织编写

吕静　赖岽　张帆
编著

广东经济出版社
南方传媒
·广州·

图书在版编目（CIP）数据

粤菜文化传承与创新实践案例 / 吕静，赖崇，张帆编著. -- 广州：广东经济出版社，2025. 7. --ISBN 978-7-5454-6865-6

Ⅰ. TS971. 202. 65

中国国家版本馆CIP数据核字第2025XZ7668号

责任编辑：陈　晔　于明慧
责任校对：朱敏红
责任技编：陆俊帆
封面设计：林晓夏

粤菜文化传承与创新实践案例
YUECAI WENHUA CHUANCHENG YU CHUANGXIN SHIJIAN ANLI

出 版 人：刘卫平
出版发行：广东经济出版社（广州市水荫路11号11～12楼）
印　　刷：广东鹏腾宇文化创新有限公司
（广东省珠海市高新区唐家湾镇科技九路88号10栋）

开　　本：730mm×1020mm　1/16　　印　　张：12. 5
版　　次：2025年7月第1版　　印　　次：2025年7月第1次
书　　号：ISBN 978-7-5454-6865-6　　字　　数：231千字
定　　价：68. 00元

发行电话：（020）87393830
如发现印装质量问题，请与本社联系，本社负责调换

前　言

粤菜作为中国传统四大菜系及八大菜系中一颗璀璨的明珠，源自岭南这片文化底蕴深厚的土地。它不仅是广府菜（广州菜之雅称）、客家菜（东江菜之别称）与潮州菜（潮汕菜之美誉）三种独特风味的融合体，更在海外与法国大餐并驾齐驱，享有极高的国际声誉。鉴于海外华侨中广东籍人士占比高达六成，粤菜自然而然地成了海外中餐馆的主打菜系，传递着中华美食的韵味与情怀。

广府菜以其清而不淡、鲜而不俗、嫩而不生、滑而不腻、爽而不糙、香而不烈的独特风味著称，完美诠释了“五滋”（清、香、脆、酥、浓）与“六味”（酸、甜、苦、辣、咸、鲜）的和谐统一。它擅长小炒技艺，对火候与油温的掌控近乎苛刻，同时又不失开放包容，巧妙融合西餐元素，讲究菜肴的品相与格调，自古便有“食在广州，厨出凤城（顺德）”“食在广州，味在西关”之美谈，顺德更被联合国教科文组织誉为“世界美食之都”，其地位可见一斑。

客家菜则以其深厚的乡土情怀与中原遗风独树一帜。它细分为“山系”“水系”与“散客菜”，在食材选择上偏重肉类，讲究主料突出，味道香浓、油重而略偏咸，尤以砂锅烹饪见长，每一道菜仿佛都在诉说着迁徙与融合的故事，客家菜主要流传于梅州、惠州、河源、韶关及深圳等地。

潮州菜作为粤菜的重要支柱与典范，发源于潮汕大地，其精细的烹饪技艺与独特的风味，让“食在广州，味在潮州”的说法深入人心。它不仅代表了粤菜的一种高度，更是中华饮食文化宝库中的瑰宝。

鉴于此，我们精心编纂了《粤菜文化传承与创新实践案例》一书，旨在通过对粤菜文化的深度挖掘与创新实践的生动展示，让读者全方位、多角度地了解粤菜的历史渊源、发展脉络及独特魅力。书中不仅系统阐述了粤菜的文化背景与特色，更以图文并茂的方式，详细介绍了经典菜品与创新佳肴的原料选择、配料搭配、制作工艺、烹饪技巧及风味特色，这既是一本适合教师授课的专业教材，也是广大美食爱好者自学自修的宝贵资料。

我们期待，通过本书能够激发更多人对粤菜文化的兴趣与热爱，共同推动粤菜文化的传承与发展，让这份来自岭南的美味，继续在世界舞台上绽放光彩。

目　录

第一部分　粤菜文化传承

第二部分　粤菜创新实践

【第一部分】

粤菜文化传承

第一章　粤菜的起源与形成

粤菜是在岭南地区特定的气候、地理、历史、物产及饮食风俗基础上，经过漫长的历史演变，在一定经济条件下形成的、具有一整套自成体系的烹饪技艺和风味，并被全国各地认可的地方菜系。

一、粤菜的起源与发展

粤菜的起源与发展是一个历史悠久、文化底蕴深厚的过程。它经历了先秦影响—汉代发端—唐宋发展—明清成熟—现代传承的漫长历程，逐渐形成了自己独特的风格和特点。

1. 先秦影响

在先秦时期，中原的饮食烹饪已有相当高的水平。从《礼记》所载的“八珍”、《周礼》所记的王室庞大的御食编制等历史文献中，我们可以窥见当时中原饮食文化的繁荣与精致。虽然这一时期岭南地区与中原的交流相对有限，但中原的饮食文化仍然通过各种途径对岭南地区的饮食产生了深远的影响。这种影响为后来粤菜的形成与发展奠定了坚实的基础。

2. 汉代发端

据史书记载，粤菜的起源可追溯到两千多年前的汉代。汉初时期，治理岭南的南越王赵佗为了加强岭南与中原的文化交流，大力推广中原文化，其中包括饮食文化。中原地区的饮食制作方法和食物种类随着这一交流逐渐传入岭南，与岭南当地的饮食风俗相融合，形成了粤式饮食的雏形。这一时期的菜式虽然还没有形成完整的体系，但已经具备了粤菜的一些基本特征，如注重食材的新鲜和口感的清淡。

3. 唐宋发展

唐宋两代是粤菜发展的重要阶段。广州作为当时最大的通商口岸，经济贸易繁荣，内外交往频繁，粤菜风味也随之逐渐被人们接受和欣赏，在典籍中常以“南烹”之称出现，与当时的扬州名食齐名。

这一时期，随着农渔业的发展，岭南地区可用的食材更为丰富，从海味海鲜到佳果蔬菜，可谓应有尽有，烹饪手法也多种多样。

唐代刘恂的《岭表录异》便记载了岭南人“吃虾生”“姜葱蒸鱼”“炙烤蚝肉”等食法。南宋时期，众多御厨和官府厨师云集广州，使得粤菜的技艺日趋成熟。粤菜在传承与发展中原饮食文化的基础上，逐渐形成了自己独特的风格和特点。

比如，粤菜开始注重食材的精细加工和烹饪技艺的创新，以及调味品的巧妙运用等。这些特点使得粤菜在口感、色泽、香气等方面都达到了很高的水平。

4. 明清成熟

明清时期是粤菜发展的成熟阶段。这一时期，随着广东地区对外贸易的繁荣和海上丝绸之路的开辟，粤菜开始与海外饮食文化进行交流与融合。这种交流和融合不仅丰富了粤菜的食材和烹饪技艺，还使得粤菜逐渐形成了自己独特的饮食文化和风格。同时，随着广东地区经济的发展和人口的增长，粤菜也逐渐从宫廷和贵族阶层走向民间，成为广大民众喜爱的美食。

5. 现代传承

到了现代，粤菜已经成为中国乃至世界范围内广受欢迎的美食之一。不仅在中国各大城市发展了众多的粤菜餐馆和酒楼，还流行海外多个国家和地区。粤菜以独特的口味、精湛的烹饪技艺和丰富的文化内涵赢得了广泛的赞誉和认可。同时，随着人们生活水平的提高和健康意识的增强，粤菜也在不断创新和发展，以满足人们日益增长的饮食需求。

二、粤菜的形成

粤菜之所以能够形成并且成为我国最著名的菜系之一，与岭南地区的地域环境有着极大的关系。从地形与气候、食材资源、历史与文化、烹饪技艺与口味以及社会与经济等多个方面来看，岭南地区都为粤菜提供了得天独厚的条件和机遇。这些条件和机遇使得粤菜得以在岭南地区诞生并不断发展壮大，成为中国烹饪艺术中一颗璀璨的明珠。

1. 地形与气候

岭南地区地形复杂，包括山地、丘陵、台地、平原等多种地貌，河网纵横、港湾众多。这种复杂的地形和多样的地貌为粤菜提供了丰富的食材资源。同时，岭南地区地处亚热带，具有高温、多雨的气候特点。这种气候使得岭南地区四季常青、物产富饶，为粤菜提供了源源不断的食材资源。

2. 食材资源

岭南地区丰富的食材资源是粤菜形成的重要基础。这里盛产各种海鲜、河鲜、水果、蔬菜等，为粤菜提供了丰富的烹饪原料。例如，南海的海鲜、珠江三角洲的河鲜，还有荔枝、龙眼等水果，都是粤菜中常见的食材。这些食材不仅品质上乘，而且种类繁多，为粤菜厨师提供了广阔的创作空间。

3. 历史与文化

岭南地区的历史与文化对粤菜的形成也产生了重要影响。历史上，岭南地区曾是多个古代王朝的边疆地区，也是海上丝绸之路的重要节点。这些历史背景使得岭南地区的饮食文化既具有中原文化的传统特色，又融合了海外文化的精华。中原人口南迁带来了中原的烹饪技艺和饮食习俗，与岭南本地食材相结合，形成了独特的烹饪风格。同时，海外文化的传入也为粤菜的发展带来了新的机遇，如西餐的烹饪技艺和调味手法就被粤菜厨师巧妙地吸收和融合。

4. 烹饪技艺与口味

岭南地区的地域环境对粤菜的烹饪技艺和口味也产生了深远影响。粤菜注重食材的新鲜和原味，善于利用食材本身的鲜美进行烹饪。这种烹饪风格与岭南地区的气候和食材资源密切相关。同时，粤菜还注重烹饪技艺的精湛和口味的清淡。

比如，粤菜中的清蒸、白切等烹饪技法，就是充分利用食材的鲜美和原味，通过精湛的烹饪技艺和调味手法，将食材的风味完美地呈现在餐桌上。

5. 社会与经济

岭南地区的社会和经济环境也对粤菜的形成与发展产生了重要影响。岭南地区经济发达、商业繁荣，为粤菜的发展提供了良好的市场环境。同时，岭南地区的人民勤劳智慧，善于尝试和创新新事物，为粤菜的创新与发展提供了源源不断的动力。

第二章　粤菜的组成与流派

根据风味特点和烹饪技艺上的差别，人们一般会将粤菜细分为三大流派，即广府菜、客家菜和潮州菜。在粤菜的发展过程中，广府菜、客家菜和潮州菜这三大流派相互影响、不断融合，共同塑造了今天丰富多彩的粤菜体系。

一、广府菜

广府菜受益于珠三角地区发达的农业、渔业、工商业等，在中西文化兼容中，善取百家之长。广府菜是粤菜的代表，发祥地是广州。粤语方言区都属于广府菜文化圈，主要分布在珠江三角洲，包括香港、澳门和部分粤西、粤北地区。这种菜系的形成，与广州及其周边地区的地理、气候、物产以及历史背景密切相关。

1. 地理与气候的影响

广州地处珠江三角洲，气候温暖湿润，四季分明。这样的自然条件为广府菜提供了丰富的食材选择。从海鲜到河鲜，从蔬菜到水果，种类繁多，品质上乘。这些食材不仅新鲜，而且富含营养，为广府菜的烹饪提供了坚实的基础。

2. 物产的丰富性

广州及其周边地区的物产极为丰富，特别是海鲜和河鲜，如虾、蟹、鱼、贝类等，都是广府菜中不可或缺的原料。此外，还有各种蔬菜、水果、豆制品以及干货等。这些食材的多样性使得广府菜在烹饪上能够灵活多变，创造出各种美味佳肴。

3. 烹饪技艺

广府菜的烹饪技艺精湛，讲究火候、刀工和调味。在烹饪过程中，广府菜注重保持食材的原汁原味，追求清、鲜、嫩、滑、爽、香的口感。为了达到这种效果，广府菜的厨师们往往采用清蒸、白灼、炖煮等烹饪方法，尽量少用油炸手法和辛辣调料，以保持食材的清新和营养。

在调味方面，广府菜善于运用各种调料和酱汁，如酱油、蚝油、豆豉、姜、葱、蒜等。这些调料和酱汁不仅能够提升食材的鲜味，还能够增加菜肴的层次感。同时，广府菜还善于将中西烹饪技巧相结合，创造出具有独特风味的菜肴。

4. 风味特点

广府菜的风味特点主要体现在如图2-1所示的几个方面。

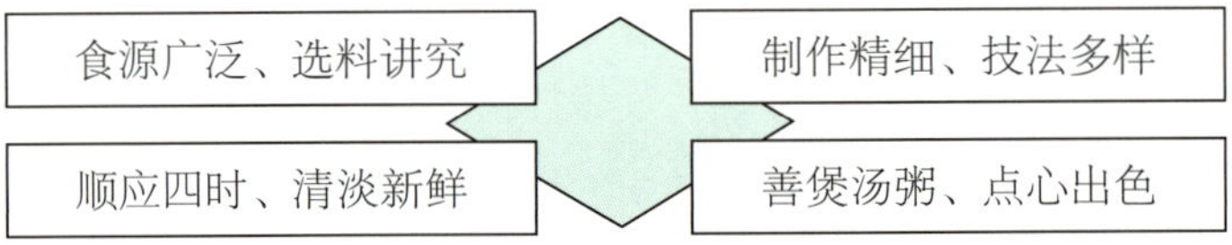

图2-1　广府菜的风味特点

（1）食源广泛、选料讲究。

广府菜选料很讲究，务求鲜嫩质优，讲究原料品种。海鲜河鲜要求新鲜，家禽野味要求即宰即烹，蔬菜瓜果要求新鲜嫩绿。

（2）制作精细、技法多样。

广府菜的制作精细体现在刀工和火候上。粤菜刀法多样，变化繁多，有斩、劈、切、片、敲、刮、拍、剁、批、削、撬、雕12种刀法。广府菜的烹制还特别讲究火候，行内有“烹”重于“调”的说法，烹制时根据食材性质和做法而运用不同的火候。

（3）顺应四时、清淡新鲜。

珠江三角洲气候炎热，高温期时间长，人们无法接受油腻的食物，从而追求清淡的口味。然而广府菜的清淡并非淡而无味，而是清中求鲜，淡中取味，嫩而不生，滑而不俗，而且注重随季节而变化。

（4）善煲汤粥、点心出色。

广府菜的汤种类众多，用不同的汤料和不同的烹调方法，可以烹制出不同口味的汤。汤的烹调方法一般是滚、煲、烩、炖几种，冬春多用煲炖，夏秋多用滚烩。广府菜的粥品亦非常有名，不仅种类多，而且制法独特。广式点心用料广泛、品种繁多、制作精巧。

5. 代表性菜品

具有代表性的广府菜有姜葱白切鸡（见图2-2）、麻皮乳猪、脆皮烧鹅、红烧乳鸽、清汤鱼肚、清蒸东星斑、澳门烧肉、避风塘炒蟹、白灼海虾、八宝冬瓜盅、香滑鲈鱼球、糖醋咕噜肉、麒麟生鱼、白云猪手等。

图2-2　姜葱白切鸡

6. 文化价值与影响

广府菜不仅是一道道美味的菜肴，更是一种文化的体现与传承。它反映了广州及其周边地区的历史、地理、气候和物产等方面的特点，同时也体现了广府人的饮食文化和审美情趣。在广府菜中，我们可以感受到广府人对食材的尊重和珍视，对烹饪技艺的精益求精，以及对美食的热爱和追求。

广府菜作为粤菜的代表，其独特的烹饪技艺、丰富的食材选择以及深厚的文化底蕴，使得它在国内外都享有极高的声誉。无论是品尝广府菜的美味佳肴，还是了解广府菜的历史文化，都能够让我们感受到这种菜系的独特魅力和价值。

二、客家菜

客家菜，又称东江菜，起源于广东东江一带的客家人聚居地区。客家菜以其独特的烹饪技艺和风味特点，深受国内外食客的喜爱。它不仅代表了客家人的饮食文化，更是中国传统饮食文化的重要组成部分。

1. 历史渊源与传承

客家菜的形成与发展，与客家人的迁徙历史和地理环境密切相关。客家人是中原汉族的一支，历史上因战乱、饥荒等原因，多次从中原地区向南迁徙，最终在广东、福建、江西等地定居下来。在迁徙过程中，客家人将中原地区的烹饪技艺和风味特点带到了南方，并与当地食材相结合，逐渐形成了独具特色的客家菜。

客家菜在传承过程中，注重保持原汁原味，讲究食材的新鲜和烹饪技艺的精湛。同时，客家菜也善于吸收和融合其他菜系的优点，不断创新和发展，形成了今天我们看到的丰富多彩的客家菜系。

2. 烹饪技艺

在烹饪技艺方面，客家菜注重火候的掌握和刀工的精湛。无论是炖煮、煎炸还是蒸烤，客家菜都能将食材的美味发挥得淋漓尽致。同时，客家菜还善于运用各种调料和酱汁，使菜肴味道层次丰富、鲜美可口。

3. 风味特点

客家菜的风味特点主要体现在如图2-3所示的几个方面。

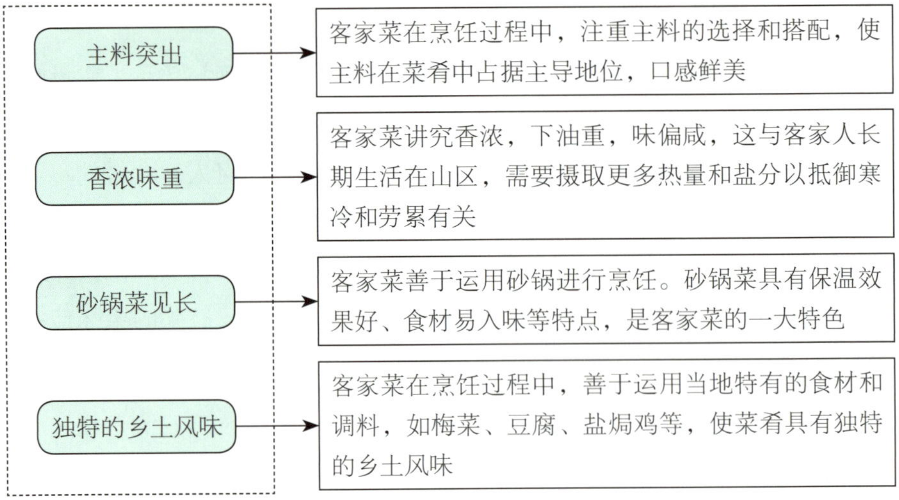

图2-3　客家菜的风味特点

4. 代表性菜品

客家菜的代表性菜品丰富多样，每一道菜都蕴含着深厚的文化底蕴和精湛的烹饪技艺。具有代表性的客家菜有盐焗鸡、酿豆腐、酿三宝、梅菜扣肉、娘酒焗鸡（见图2-4）、红焖猪肉、蒸笋粄、客家蒸三丸、算盘子、味酵粄、梅江原味炒猪肠、客家蛋饺煲、三及第、红曲炖鸡、三杯鸡、回味猪肠、梅州腌面、西河老鼠粄、百侯薄饼、丙村开锅肉丸、客家鸡炒酒等。

图2-4　娘酒焗鸡

5. 文化价值与影响

客家菜不仅是一道道美味的菜肴，更是一种文化的体现与传承。它反映了客家人的迁徙历史，体现了客家人的饮食文化和审美情趣。在客家菜中，我们可以感受到客家人对食材的尊重和珍视，对烹饪技艺的精益求精，以及对美食的热爱和追求。

如今，客家菜已经走出广东东江一带，走向全国乃至世界。在各大城市的高级餐厅和美食节，客家菜以独特的风味和精湛的烹饪技艺而备受瞩目。同时，客家菜也促进了中外文化交流，让更多的人了解和喜爱中国的传统饮食文化。

三、潮州菜

潮州菜，又称潮汕菜、潮菜，是指形成于广东省东部潮州地区的一个地方菜系，覆盖潮州、汕头、揭阳及汕尾等地。潮州菜的发源地是潮汕地区，这里地处广东省东部沿海地区，气候温暖湿润，物产丰富，海鲜资源尤为丰富，为潮州菜的发展提供了得天独厚的条件。

1. 历史渊源与传承

潮州菜的历史可以追溯到汉代，其形成和发展与潮汕地区的地理、气候、物产以及人文历史紧密相关。在长期的历史演变过程中，潮州菜不断吸收和融合闽、粤两地的烹饪技艺和风味特点，逐渐形成了独具特色的菜系。如今，潮州菜已经成为潮汕地区的一张名片，深受国内外食客的喜爱。

2. 烹饪技艺

潮州菜以其独特的烹饪技艺和风味特点而著称。在烹饪过程中，潮州菜注重食材的新鲜和原味，追求清、鲜、嫩、滑的口感。潮州菜的调味方式独特，善于运用各种调料和酱汁，如酱油、鱼露、豆酱等，使菜肴味道层次丰富、鲜美可口。

潮州菜以烹制海鲜见长，海鲜菜品在潮州菜中占有重要地位。无论是清蒸、红烧还是煎炸，潮州菜都能将海鲜的美味发挥得淋漓尽致。此外，潮州菜还擅长制作甜菜和小炒：甜菜口感清爽；小炒则讲究火候和刀工，使菜肴更加美味可口。

3. 风味特点

潮州菜的风味特点主要体现在如图2-5所示的几个方面。

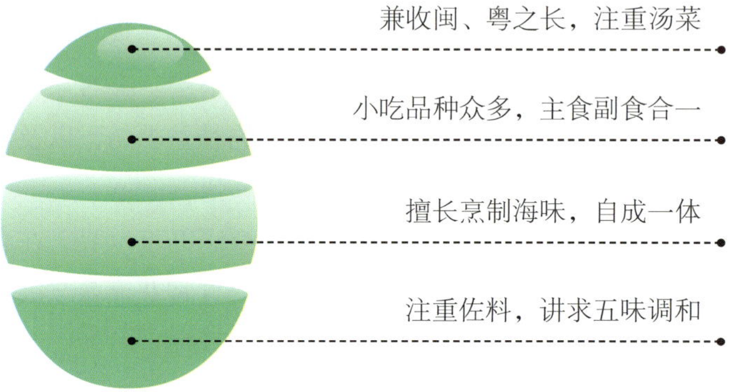

图2-5　潮州菜的风味特点

（1）兼收闽、粤之长，注重汤菜。

潮州菜口味清淡鲜美，其清鲜主要靠原料的鲜活、烹调的清淡以及汤的广泛使用。潮州菜无论是日常的饭菜，还是筵席的酒菜，都以汤菜为重。潮州菜汤菜种类繁多，汤水讲究、汤料丰富。

（2）小吃品种众多，主食副食合一。

潮汕点心以品种繁多、美味可口而扬名天下。在潮菜筵席中，一般十二道菜必配一咸一甜两道点心，既丰富了菜式，调和了众人的口味，又体现了主食副食统一的风格。

（3）擅长烹制海味，自成一体。

潮州在食海鲜上有着悠久的历史传统和丰富的烹制经验，素有“无海鲜不成席”的说法。潮州菜选料、烹制自成体系，可以充分体现出海鲜甘美可口的风味，同一种海鲜原料可以烹制出色、香、味、形多种变化的菜式。

（4）注重佐料，讲求五味调和。

潮州菜以清淡鲜美为主，然一味清淡则难调众人之口。为此，须通过各式佐食调料来调和。潮州菜佐食调料品种繁多，且形成了一套佐料配味、食物调和的规范。

4. 代表性菜品

潮州菜的代表性菜品丰富多样，每一道菜都蕴含着深厚的文化底蕴和精湛的烹饪技艺。代表性的潮州菜有红焖海参、杂鱼鼎、鱼饭、炒麦穗鲜鱿、潮汕大鱼丸（见图2-6）、厚菇芥菜、八宝素菜、玻璃白菜、鼠壳粿、护国菜、潮州炒芥蓝、香煎蚝烙、金不换炒薄壳、潮汕卤鹅、八宝金瓜盅、糕烧白果、干炸果肉、鲎粿、南瓜芋泥、酿百花鸡、冻金钟鸡、酿金钱鱼鳔等。

图2-6　潮汕大鱼丸

5. 文化价值与影响

潮州菜不仅是一道道美味的菜肴，更是一种文化的体现与传承。它反映了潮汕地区的历史、地理、气候和物产等方面的特点，同时也体现了潮汕人的饮食文化和审美情趣。在潮州菜中，我们可以感受到潮汕人对食材的尊重和珍视，对烹饪技艺的精益求精，以及对美食的热爱和追求。

20世纪80年代初，潮州菜从中国众多菜系中脱颖而出，潮州菜馆、潮州酒楼、潮州小食街像雨后春笋般涌现在中国的大江南北，并扩展到东南亚各国、欧美一带。一时间，潮州菜誉满全球。

第三章 粤菜的风味与特色

粤菜是中国传统八大菜系之一，以色香味俱佳、讲究食材新鲜和烹饪技巧独特而闻名于世。

一、粤菜的“五滋六味”

“五滋六味”是粤菜风味的重要组成部分，体现了粤菜在口感和味道上的丰富性和独特性。通过巧妙的烹饪技艺和调味技巧，粤菜将各种食材的味道完美地融合在一起，形成了独具特色的风味体系。

1. 五滋

“五滋”指的是粤菜在口感上的五种特色，如图3-1所示。

图3-1 粤菜中的“五滋”

（1）清。

粤菜注重清淡，追求保持食材的原汁原味，避免过多调料和烹饪过程对食材本身味道的干扰。这种清新的口感使得粤菜在品尝时能够凸显食材的鲜美。

（2）香。

粤菜在烹饪过程中善于运用各种香料和调味品，使得菜肴香气扑鼻，令人食欲大增。香是粤菜在味觉上的一大亮点。

（3）脆。

粤菜讲究食材的质地和口感，脆是其中一种重要的口感表现。通过烹饪技艺，粤菜能够将食材的脆嫩口感完美保留下来，使得菜肴在品尝时更加爽口。

（4）酥。

酥是指菜肴在口感上的酥脆感。粤菜中的酥类菜肴通常经过油炸或烘烤等烹饪方式，使得食材表面变得酥脆可口，内部则保持柔嫩多汁。

（5）浓。

浓是指菜肴在味道上的浓郁程度。粤菜在烹饪过程中善于运用各种高汤和调料，使得菜肴味道醇厚、浓郁，令人回味无穷。不过，也有说法认为“浓”指的是食材经过烹饪后口感变得醇厚、浓郁，或者将“浓”替换为“肥”“软”等口感描述。

2. 六味

“六味”指的是粤菜在味道上的六种基本类型，如图3-2所示。

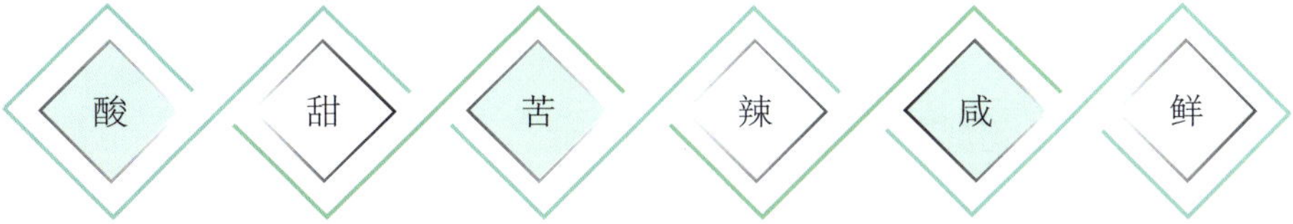

图3-2 粤菜中的“六味”

（1）酸。

酸是粤菜中常有的一种味道。通过添加醋、柠檬汁等酸性调料，粤菜能够营造出清爽开胃的酸味效果，提升菜肴的口感和风味。

（2）甜。

甜在粤菜中占有重要地位。通过添加糖、蜂蜜等甜味调料，粤菜能够营造出甘美的口感和风味，使得菜肴更加美味可口。

（3）苦。

虽然苦在粤菜中不是主要味道，但在一些菜肴中仍然有所体现。通过添加苦瓜、苦苣等苦味食材，粤菜能够营造出独特的口感和风味，增加菜肴的层次感。

（4）辣。

辣在粤菜中也有所体现。通过添加辣椒、花椒等辛辣调料，粤菜能够营造出刺激的口感和风味，满足一些食客对辣味的喜好。

（5）咸。

咸是粤菜中不可或缺的基本味道之一。通过添加盐、酱油等咸味调料，粤菜能够营造出浓郁的口感和风味，使得菜肴更加美味可口。

（6）鲜。

鲜是粤菜中的一大特色。通过选用新鲜的食材，粤菜能够凸显食材本身的鲜美味道，使得食客在品尝菜肴时能够感受到浓郁的鲜味。

二、粤菜的调味艺术与香料运用

粤菜的调味艺术与香料运用是其烹饪艺术中的重要组成部分，它们共同塑造了粤菜独特的风味和口感。

1. 调味艺术

（1）基本味型。

粤菜的基本味型有酸、甜、苦、辣、咸、鲜六种。粤菜通过不同的调味料和烹饪手法进行调和，形成丰富多彩的菜肴口味。

（2）调味方法。

粤菜常用的调味方法如图3-3所示。

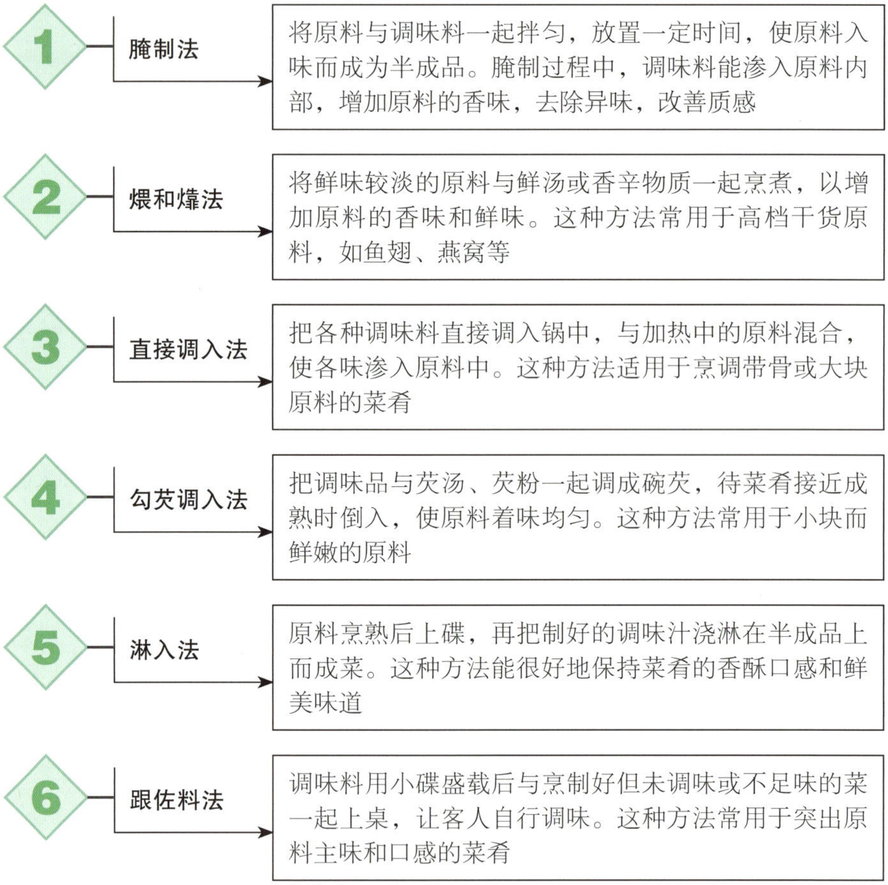

图3-3　粤菜常用的调味方法

（3）调味特色。

粤菜调味注重“五味调和，百味鲜”，即通过各种调料的巧妙搭配，使菜肴的味道达到和谐统一，鲜美可口。其调味特色主要体现在如图3-4所示的几个方面。

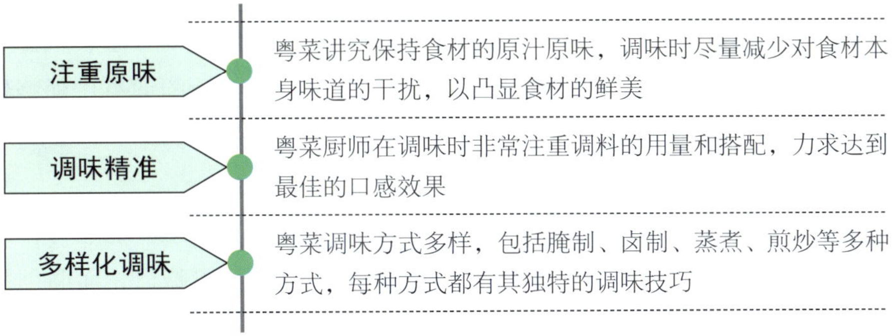

图3-4　粤菜的调味特色

2. 香料运用

（1）常用香料。

粤菜在香料运用上也非常讲究，善于运用各种香料来提升菜肴的风味和口感。表3-1所示的是一些粤菜常用的香料及其运用说明。

表3-1　粤菜常用的香料及其运用说明

序号	香料	运用说明
1	八角	性辛温，具有理气止痛、温中散寒的功效。常用于烧、卤、炖等动物性原料的烹饪中，能够增添菜肴的香气，提升口感
2	丁香	性温，香气浓烈，具有温肾助阳、温中止吐的作用。常用于熏肉、煮肠等烹饪方式中，使肉、肠香味浓郁，久食不腻
3	花椒	四川产花椒为最佳，具有温中散寒、止泻温脾的功效。是家庭菜肴中的必用之品，能够增添菜肴的麻味和香气
4	桂皮	又名肉桂，性大热，燥火。是卤水中的主要调料之一，能够增添菜肴的香气和口感
5	香叶	进口香叶香气浓郁，有较强的防腐作用。常用于香肠、烧鸡、卤鸡和高档次的烧烤等烹饪方式中
6	白芷	性温，具有祛寒除湿、消肿排脓、清利头目的功效。常用于卤、烧、煨的禽畜野味菜肴中，能够增添菜肴的香气，提升口感

续表

序号	香料	运用说明
7	豆蔻	性温，味辛、浓烈，具有化湿和胃的作用。是烧、卤、腌制菜肴的上好材料之一，能够增添菜肴的香气，提升口感

此外，粤菜中还有许多常用的香料，如小茴香、砂仁、肉豆蔻、木香、山柰、草果、阳春砂等。它们各自具有独特的香气和口感，在烹饪过程中能够相互协作，共同提升菜肴的风味。

（2）香料搭配。

粤菜在香料搭配上讲究“君臣佐使”的原则，即主香料（君）起主导作用，辅香料（臣）增强主香料的效果，调味香料（佐）调和菜肴味道，而调色香料（使）则赋予菜肴美丽的色彩。不同的菜肴需要不同的香料搭配，以达到最佳的风味效果。

比如，烧鹅时常用八角、花椒等香料增加香气和提升口感；而清蒸鱼时则常用姜、葱等香料去除腥味并提升鲜味。

（3）香料使用技巧。

粤菜的香料使用技巧如图3-5所示。

1 香料在使用前需要进行预处理，如炒香、研磨等，以充分释放其香气和味道

2 香料的使用量要适中，过多或过少都会影响菜肴的口感和风味

3 不同的烹饪方法和菜肴类型需要选择不同的香料和搭配方式，以达到最佳效果

图3-5 粤菜的香料使用技巧

三、粤菜的食材选择与搭配

在粤菜的制作中，食材的选择与搭配至关重要。它们不仅决定了菜肴的口感和风味，还体现了粤菜对食材新鲜度和质量的高要求。

1. 食材选择

粤菜在食材选择上，一般讲究的是新鲜、时令、营养与口味的和谐统一。

（1）新鲜、时令。

粤菜讲究食材的“鲜、嫩、滑、爽”，因此在选择食材时，特别注重新鲜度。尤其是海鲜类食材，如虾、蟹、贝类等，通常要求当天捕捞、当天烹饪，以保证最佳的口感和风味。

时令蔬菜也是粤菜中的重要组成部分，如春季的菠菜、夏季的冬瓜、秋季的莲藕、冬季的白萝卜等。这些季节性蔬菜不仅口感鲜美，而且富含营养。

（2）优质肉类。

粤菜中的肉类食材以猪肉、牛肉、鸡肉和鸭肉为主，要求肉质鲜嫩、肥瘦适中。

比如，在广式烧腊中，常选用五花肉、猪颈肉等肥瘦相间的部位进行烤制，以达到外焦里嫩的效果；牛肉则常选用牛腱子、牛里脊等肉质细嫩的部位，用于制作牛肉炒河粉、蚝油牛肉等菜品。

（3）特色食材。

粤菜中还有一些具有地方特色的食材，如广东的腊肠（见图3-6）、腊肉、咸鱼等。这些食材经过特殊的腌制和加工工艺，具有独特的风味和口感。

图3-6 广东腊肠

（4）多样化选择。

粤菜食材种类繁多，包括海鲜、肉类、蔬菜、豆制品等。这些食材在粤菜中都有广泛的应用，为粤菜提供了丰富的口感和风味。

2. 食材搭配

（1）荤素搭配。

粤菜在食材搭配上注重荤素搭配，以平衡营养和口感。

比如，在炒牛肉时，会加入适量的青椒、红椒等蔬菜，以增加菜品的色彩，提升口感；菠萝咕噜肉中，菠萝的酸甜口感与猪肉的鲜嫩相互映衬。

（2）海鲜与蔬菜的搭配。

海鲜类食材与蔬菜搭配也是粤菜中的常见做法。

比如，在清蒸鱼时，会在鱼身上铺上几片姜丝和葱段，以去腥增香，同时，还会搭配一些蔬菜，如西蓝花、胡萝卜等，以增加菜肴的色彩和营养价值。

又如，泰汁虾球（见图 3–7）中，泰汁的酸辣口感与虾球的鲜美相互融合，形成了独特的味觉体验。

图3–7　泰汁虾球

（3）调味料的搭配。

粤菜在调味料的搭配上也非常讲究，常用的调味料有蚝油、生抽、老抽、鱼露、白糖、盐、味精等。这些调味料在粤菜中有广泛的应用，能够提升菜肴的口感和风味。

比如，蚝油牛肉中，蚝油与牛肉的搭配能够突出牛肉的鲜美和蚝油的浓郁；而广式烧鸭腿则使用玫瑰露酒、蒜末、姜末等多种调味料来腌制鸭腿，使其口感更加香醇。

（4）注重食材的互补性。

粤菜在食材搭配上还注重食材之间的互补性。

比如，广式羊肉煲中，马蹄、甘蔗等食材的搭配不仅可以去腥增香，还可以中和羊肉的膻味；豉汁蒸排骨（见图 3–8）中，豆豉的咸香与排骨的鲜嫩相互融合，形成了独特的口感和风味。

图3–8　豉汁蒸排骨

四、粤菜的养生理念与食疗功效

粤菜的养生理念与食疗功效是其独特烹饪文化的重要组成部分。粤菜不仅仅追求食物的美味，更注重食物的营养价值和健康效益，体现了岭南人民对健康和养生的深刻理解。

1. 养生理念

粤菜烹饪技艺精湛、食材选择丰富，更蕴含着深厚的养生理念。这种理念深受中医理论的影响，强调顺应自然规律，通过合理的饮食调养身体、预防疾病。

（1）四时养生。

粤菜在食材的选择上，强调顺应四时寒热温凉的变化，选取适应季节的食物。如《备急千金要方》食治篇所述："春七十二日，省酸增甘，以养脾气；夏七十二日，省苦增辛，以养肺气；秋七十二日，省辛增酸，以养肝气；冬七十二日，省咸增苦，以养心气。季月各十八日，省甘增咸，以养肾气。"春天万物生发，肝火旺盛，少吃酸味、多吃甘味来养脾气；夏天炎热，人体消化能力下降，容易贪凉伤脾，少吃苦味、多吃辛味来养肺气；秋天干燥，少吃辛味、多吃酸味来养肝气；冬天寒冷，少吃咸味、多吃苦味来养心气。这样一来，五脏都能得到很好的养护。这种因时制宜的食材选择，有助于人体五脏之气的平衡。

（2）五脏对应。

粤菜还注重五脏与食物的对应关系，认为不同的食物可以滋养不同的脏腑。

比如，淮山、党参等能够健脾益胃，增强脾胃的运化功能，促进食物的消化吸收；黑豆、塘虱等则能够补气血、健筋骨，对于气血两虚、筋骨酸软等症状有很好的调理作用。

此外，粤菜中还常用到一些具有药用价值的食材，如枸杞、红枣、当归等。这些食材能够滋补肝肾、养血安神，对于改善人体亚健康状态有很好的效果。

（3）药食同源。

粤菜中的养生汤膳充分体现了药食同源的理念。这些汤膳以药材和食材熬制而成，不仅味道鲜美，而且具有滋补养生的功效。

比如，淮山党参鹌鹑汤，其中淮山、党参能够健脾益胃，鹌鹑则能够补益气血，三者相结合，能够增强人体的免疫力，改善脾胃虚弱、气血不足等症状；黑豆煲塘虱，其中黑豆能够补肾益精，塘虱则能够健筋骨、补气血，两者相结合，能够缓解筋骨酸软、气血两虚等症状。

此外，粤菜中还有一些具有特定功效的汤膳，例如：冬瓜薏米老鸭汤（见图3-9）能够清热利湿、消肿利尿；花旗参炖竹丝鸡能够补气养阴、清热生津。

图3-9　冬瓜薏米老鸭汤

综上所述，粤菜的养生理念体现了中医理论的精髓，通过顺应四时变化、注重五脏对应、强调药食同源等方式，达到调养身体、预防疾病的目的。这种理念不仅体现了粤菜的文化内涵，也为人们的健康生活提供了有益的指导。

2. 食疗功效

粤菜的食疗功效主要体现在如图3-10所示的几个方面。

1. **健脾开胃**：粤菜中的许多菜肴都具有健脾开胃的功效。如清炒奶白菜，这道菜富含蛋白质、维生素、铁、铜等，具有清热解毒、亮发、明目、健脾等功效
2. **滋阴润燥**：粤菜擅长使用滋阴润燥的食材和药材，如淮山、枸杞、红枣等。这些食材和药材的加入，有助于缓解人体因干燥而引发的不适症状，如皮肤干燥、口渴等
3. **补益强身**：粤菜中的养生汤膳，如山药茯苓乳鸽汤、阿胶红枣乌鸡汤等，都具有补益强身的功效。这些汤膳能够补充人体所需的营养物质，增强人体免疫力
4. **美容养颜**：粤菜中的一些食材和药材，如大白菜、猪皮等，具有美容养颜的功效。它们能够滋润皮肤，减少皱纹和色斑的形成，使肌肤更加光滑细腻
5. **调理身体**：粤菜还注重根据人体不同症状进行食疗调理。例如：对于脾胃虚弱者，可以选择食用健脾开胃的菜肴；对于阴虚火旺者，可以选择食用滋阴润燥的菜肴

图3-10　粤菜的食疗功效

第四章　粤菜的文化内涵与社会影响

粤菜不仅是一种美食，还承载着丰富的文化内涵。它反映了广东地区的地理环境和人文历史，体现了广东人对生活的热爱和对美食的追求。通过粤菜，我们可以领略到岭南地区的风土人情和饮食智慧。同时，粤菜也通过代代相传的方式，将中华饮食文化的精髓和技艺传承下来，为后人留下了宝贵的文化遗产。

一、粤菜与岭南文化的紧密联系

粤菜与岭南文化之间存在着紧密且深刻的联系。这种联系不仅体现在如图4-1所示的多个方面，更体现在文化价值观的传承和发扬上。

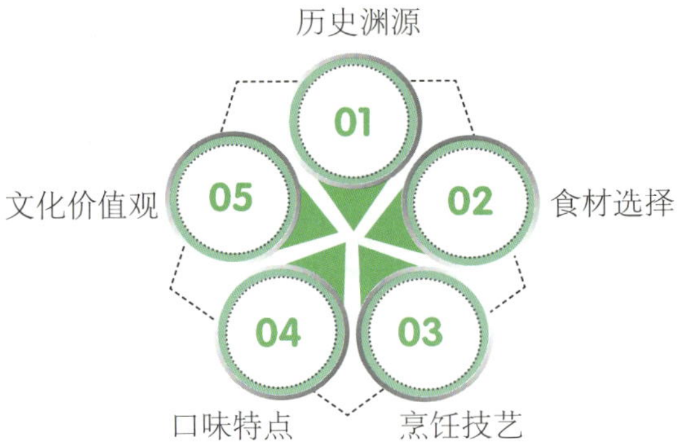

图4-1　粤菜与岭南文化的紧密联系

1. 历史渊源

粤菜的起源可追溯到两千多年前的南越国时期。当时，南越王赵佗治理岭南，促进了当地经济和文化的发展，饮食烹饪文化逐渐演化成型。随着中原文化与岭南文化的深入交流，中原地区的饮食制作方法和食物种类传入岭南，与岭南本土的饮食风俗深度融合，形成了粤式饮食的雏形。因此，粤菜的历史渊源与岭南文化的发展紧密相连，是岭南文化的重要组成部分。

2. 食材选择

粤菜强调食材的新鲜和多样性，与岭南地区丰富的物产资源密不可分。岭南地区气候温暖湿润，四季常青，物产丰富，为粤菜提供了丰富的食材来源。粤菜选材广博，无论是海鲜、河鲜还是山珍野味，都能成为粤菜中的佳肴。这种对食材的讲究和追求，体现了岭南人民对自然和生活的热爱与尊重。

3. 烹饪技艺

粤菜的烹饪技艺丰富多样，包括炖、蒸、煮、炒、炸等多种方法。这些烹饪方法既能发挥食材的特色，又能保持食材的原汁原味。粤菜中的炖汤尤其讲究火候和选材，具有很好的滋补作用，体现了岭南文化中对健康和养生的重视。同时，粤菜还注重菜品的色香味俱佳，追求食物的平衡和谐，与岭南文化中追求美好生活的价值观相契合。

4. 口味特点

粤菜的口味以清淡为主，注重突出食材的本味，很少使用重口味调料。这种口味特点与岭南地区的气候环境密切相关。岭南地区气候炎热潮湿，人们需要清淡的食物来解暑去湿。因此，粤菜中的清蒸、白灼等烹饪方法应运而生，既保留食材的营养和口感，又符合人们的健康需求。这种口味特点也体现了岭南文化中注重实用和舒适的生活态度。

5. 文化价值观

粤菜不仅仅是一种美食，更是岭南文化的重要载体。它体现了岭南文化中开放包容、兼容并蓄的精神。粤菜在发展过程中不断吸收和融合其他地区的饮食文化元素，形成了独具特色的风味体系。同时，粤菜也承载着岭南文化中重商性、享乐性等价值观。岭南地区的商业氛围浓厚，人们追求舒适和快乐的生活方式，这些都在粤菜中得到了体现。

二、粤菜在中华饮食文化中的地位

粤菜在中华饮食文化中的地位极为重要。它不仅代表了中华美食的精髓，还承载了丰富的文化内涵和历史底蕴。通过品尝粤菜，我们可以更加深入地了解中国的饮食文化和传统文化，从而增进对中华文化的认同感和自豪感。

1. 粤菜与中华饮食文化的交融

粤菜在发展过程中，不断吸收和融合其他地区的饮食文化元素，形成了独具特色的风味体系。这种交融不仅体现在食材选择和烹饪技艺上，更体现在对中华饮食文化精髓的传承和发扬上。粤菜通过自身的创新和发展，将中华饮食文化的多样性和包容性展现得淋漓尽致。

2. 粤菜对中华饮食文化的贡献

（1）推动中华饮食文化国际化。

粤菜在国际上的广泛传播，不仅提升了中华饮食文化的国际影响力，还推动了中华饮食文化的国际化进程。通过粤菜，国际友人可以更加直观地了解中华饮食文化。

（2）丰富中华饮食文化的内涵。

粤菜以其独特的烹饪技艺和口味特点，为中华饮食文化增添了新的元素和活力。同时，粤菜还注重食材的营养搭配和烹饪过程中的健康理念，为中华饮食文化注入了新的内涵。

3. 粤菜在中华饮食文化中的引领作用

（1）引领健康饮食潮流。

随着人们健康意识的提高，粤菜以其清淡、健康的口味特点，成了健康饮食的典范。粤菜注重食材的新鲜和原味，强调烹饪过程中的营养保留和口感变化，引领了健康饮食的潮流。

（2）推动中华饮食文化创新发展。

粤菜在传承传统技艺的同时，不断进行创新和探索。这种创新精神不仅推动了粤菜自身的发展，还为中华饮食文化的创新发展提供了有益的借鉴和启示。

4. 粤菜在中华饮食文化中的传承与保护

（1）非物质文化遗产的传承。

许多粤菜手艺和制作技艺被列入非物质文化遗产名录，得到了有效的保护和传承。这些非物质文化遗产不仅代表了粤菜的历史和文化底蕴，也是中华饮食文化的重要组成部分。

（2）粤菜文化的教育与推广。

通过粤菜文化的教育与推广，让更多的人认识和了解粤菜的历史和文化背景，以及粤菜在中华饮食文化中的地位和作用，有助于提升公众对中华饮食文化的认同感和自豪感。

三、粤菜的国际影响力

粤菜在国际上的影响力广泛且深远。它不仅赢得了国际食客的喜爱和认可，也成了中国文化在国际上传播的重要载体。

1. 国际认知度高

粤菜在国际上的认知度非常高。据相关报告，66.8%的海外受访者表示品尝过粤菜，这显示了粤菜在国际上的广泛传播度和接受度。海外民众最喜爱的粤菜菜品是菠萝咕噜肉。这道菜以独特的酸甜口感和丰富的色彩吸引了众多国际食客。此外，粤菜在国际上的知名度和美誉度也得到了多个权威美食评选机构和媒体的认可。

2. 影响范围广泛

粤菜的影响范围遍布全球多个国家和地区，包括美国、澳大利亚、日本、韩国、泰国和新加坡等。在这些地方，粤菜餐馆如雨后春笋般涌现，不仅为当地华人提供了熟悉的味道，也让更多的国际友人有机会品尝到正宗的粤菜。这种广泛的传播和影响使得粤菜成了中国文化在国际上传播的重要载体。

3. 传播方式多样

粤菜在国外的传播方式多种多样。一方面，随着全球化的发展和华人移民的增多，越来越多的粤菜餐馆在海外开设，直接面向国际食客提供服务。这些餐馆不仅提供正宗的粤菜美食，还通过举办文化交流活动等方式，向国际友人介绍粤菜的烹饪技艺和文化内涵。另一方面，粤菜也通过旅游推广、参加国际美食节等方式在国际上得到广泛传播。比如，在一些国际美食节和文化交流活动中，粤菜经常作为中国美食的代表出现，吸引了大量国际媒体的关注和报道。

4. 结合当地风俗创新

粤菜在传播过程中还注重结合当地风俗进行创新。例如，在美国旧金山等地，粤菜餐馆遵循当地风俗采取了自助式营业方式，使得粤菜更加符合当地人的饮食习惯和口味偏好。这种结合当地风俗的创新方式不仅推动了粤菜在当地的普及和发展，也丰富了当地的美食文化。

5. 成为中国文化的重要符号

随着中国经济的崛起和国际地位的提高，越来越多的人开始关注中国文化。粤菜作为中国传统文化的重要组成部分和中华美食的重要代表之一，在国际上成了中国文化的重要符号。通过品尝粤菜，国际友人可以更加深入地了解中国的饮食文化和传统文化。这种文化认同和共鸣进一步提升了粤菜在国际上的影响力和地位。

四、粤菜与现代生活方式的融合

粤菜与现代生活方式的融合体现在多个方面。这种融合不仅推动了粤菜的创新和发展，也满足了现代人对于便捷、健康、多元化餐饮的需求。未来，随着科技的不断进步和社会的不断发展，粤菜与现代生活方式的融合将会更加紧密和深入。

1. 粤菜烹饪技艺与现代科技的结合

随着现代科技的发展，粤菜烹饪技艺也在不断创新和升级。现代粤菜厨师在传统烹饪技巧的基础上，采用低温烹饪、分子烹饪等现代技术，使得菜品更加精致和健康。这些新技术不仅提升了菜品的口感和营养价值，还使得烹饪过程更加高效和环保。同时，现代科技也为粤菜的创新提供了更多可能性，如通过食品科学的研究，开发新的食材和调味料，进一步丰富粤菜的口味和风味。

2. 粤菜快餐化与便捷生活的融合

现代社会生活节奏加快，人们对便捷、快速餐饮的需求日益增加。粤菜快餐化是满足这一需求的重要趋势。例如，肠粉、隆江猪脚饭、煲仔饭等粤式快餐因方便快捷、美味实惠的特点，逐渐走向全国，甚至走向世界。这些快餐不仅保留了粤菜的传统风味，还通过标准化、流程化的生产方式，提高了制作效率和食品质量。此外，一些粤菜品牌还推出了外卖服务，进一步满足了现代人对于便捷生活的追求。

3．粤菜与健康饮食理念的融合

现代人对健康饮食的关注度不断提高，粤菜与健康饮食理念的融合也成了一种趋势。粤菜注重食材的新鲜和原味，强调烹饪过程中的营养保留和口感变化，这与现代人追求健康饮食的理念不谋而合。一些粤菜餐厅推出了低脂、低糖、高纤维等健康菜品，满足了不同消费者的健康需求。同时，粤菜中的煲汤文化也被广泛传播和接受，成为现代人滋养身体、调理身体的重要方式。

4．粤菜与国际化饮食趋势的融合

随着全球化的深入发展，国际化饮食趋势日益明显。粤菜作为中华美食的重要代表之一，也在不断融入国际元素，以满足现代人对于多元化饮食的需求。一些粤菜厨师将西方食材和烹饪手法与传统粤菜结合，创造出新颖的菜品。这些菜品不仅保留了粤菜的传统风味，还融入了西方饮食文化的元素，使得粤菜在国际舞台上更加具有竞争力。

5．粤菜与现代餐饮管理的融合

现代餐饮管理注重品牌化、连锁化、标准化等理念。这些理念也被广泛应用于粤菜行业。通过品牌化经营，粤菜餐厅可以树立独特的品牌形象和口碑，提高市场竞争力；通过连锁化经营，粤菜餐厅可以实现规模化和集约化生产，降低成本和提高效率；通过标准化管理，粤菜餐厅可以确保菜品的质量和口感的一致性，提高顾客满意度。

相关链接

《2024中国粤菜白皮书》（节选）

一、餐饮行业全景

洞察一。2023 年餐饮收入规模突破 5.3 万亿元，但收入结构已发生转变：

1. 疫情下发展活跃的线上餐饮与团餐挤压线下堂食发展空间；

2. 竞争日趋激烈，门店生存困难加剧，尤其是非连锁门店。

洞察二。从细分渠道看，中式餐馆门店数量降幅明显，但其中的两广粤菜门店数量保持增长。另外，粤菜品类进一步细分，逐渐形成以粤式正餐、粤式快餐、粤式火锅为主导的餐饮矩阵（见表4-1）。

表4-1　粤式餐饮新矩阵

粤式正餐	粤式快餐	粤式火锅
广府菜	肠粉类	牛肉火锅
茶餐厅	煲仔类	猪肚鸡
潮州菜	隆江猪脚类	打边炉/港式火锅
客家菜	砂锅粥类	豆捞
高凉菜	烧卤类	粥底火锅
……	云吞面类	……

洞察三。粤菜走向全国，影响力向华东、西南、华中等地区延伸，其中，福建、浙江、上海等最为突出，同时，也加快了在下沉市场的扩张步伐。

二、粤菜细分品类洞察

洞察一。粤式正餐中，广府菜、潮州菜增长潜力较大，门店数量、下沉市场扩张速度、客单价均明显增长。经典菜品方面，广府菜中的烧鹅、白切鸡受到热捧，潮州菜中的卤水拼盘、生腌系列较受欢迎；而创新菜品中开始融入辣味、茶元素、网红元素、国外元素等。

洞察二。粤式快餐中，肠粉、隆江猪脚饭门店增速最快，肠粉中的酱汁、隆江猪脚饭中的卤水是菜品口味的关键，而创新菜品中，酸、麻、辣风味成为发展新方向。

洞察三。粤式火锅中，牛肉火锅发展遥遥领先，门店数量、下沉市场扩张速度、客单价均居于首位，创新菜品中，开始融入金汤、酸笋等风味。

三、粤菜经典聚焦

洞察一。粤式餐饮中，咸鲜风味保持不变，以烤、炒、焖炖（煮）、煲的烹饪技法为主，海鲜、肉禽广泛应用。

洞察二。粤式餐饮中，酱油是灵魂，其中的鲜味酱油代表味事达、味极鲜以鲜味持久、香气自然及色泽红润等产品特点在粤式菜品的点蘸、腌制、烧煮、泡卤中表现出色，代表性应用菜品有白切鸡、生腌虾、鱼虾蟹煲、潮汕卤鹅等。

洞察三。除了提供基础鲜味的味事达、味极鲜外，卡夫亨氏也积极探索运用广合腐乳醇厚鲜香、风味持久的特性，完美融入焖炖、点蘸及炒制的菜品中，代表性应用菜品有腐乳焖猪手、腐乳羊肉煲、腐乳空心菜等。

四、粤菜发展趋势动向

洞察一。政府积极推动“粤菜师傅”工程、预制菜产业政策、“粤菜出海”等，带动粤式餐饮良性发展。

洞察二。粤菜契合当下健康理念，发展空间广阔，粤菜企业以精致餐饮与大众餐饮两种业态齐头并进。

洞察三。粤菜力求通过菜系融合、本地化等手段实现菜品创新。

【第二部分】

粤菜创新实践

第五章　粤菜烹饪原料的精选与运用

粤菜选料广博奇异，品种花样繁多，令人眼花缭乱。天上飞的，地上爬的，水中游的，几乎都能上桌。但不论哪种食材，粤菜都注重其原味和新鲜度，强调清淡、鲜美、爽滑的口感。

一、粤菜的食材选择标准

粤菜以清淡、鲜美、精细而著称。在粤菜的制作中，食材的选择至关重要，直接关系菜肴的口感、营养和整体品质。具体来说，粤菜的食材选择标准如图5-1所示。

图5-1　粤菜的食材选择标准

1. 新鲜度

新鲜度是粤菜选材的第一要素。无论是海鲜、肉类还是蔬菜，都应选择新鲜、无病虫害的食材。

比如，制作海鲜类菜肴时，要选择鲜活的海鲜，以确保菜肴的鲜美和口感；对于肉类，也要选择新鲜的肉类食材，并在烹饪前进行适当的腌制和处理，以保证肉质的鲜嫩和口感的美味。

2. 季节性

粤菜讲究食材的季节性，即所谓“不时不食”。选择当季的食材，不仅口感更佳，营养也更丰富。

比如，春季可以选择鲜嫩的竹笋、荠菜等；夏季则可以选择西瓜、苦瓜等清凉解暑的食材；秋季可以选择螃蟹、柿子等；冬季则可以选择羊肉、萝卜等温补食材。

3. 质地与口感

不同的粤菜菜品需要不同的食材质地和口感。

比如，制作炖品时，要选择质地较嫩的肉类，如猪肉、鸡肉等；制作凉拌菜时，则要选择口感清脆的蔬菜，如黄瓜、芹菜等。

此外，对于海鲜类食材，也要根据其质地和口感选择合适的烹饪方法，如清蒸、红烧等。

4. 营养与搭配

粤菜注重食材的营养与搭配，以达到营养均衡、口感丰富的效果。在选择食材时，要考虑其营养成分与相互之间的搭配关系。

比如，在制作肉类菜肴时，可以搭配一些蔬菜来提升菜肴的营养价值；在制作汤品时，则要注意汤料的搭配和熬制时间，以确保汤汁营养丰富和口感鲜美。

5. 地域特色

地域特色也是粤菜选材的重要考虑因素之一。不同地区的粤菜有着不同的风味和特点，因此在选择食材时也要考虑地域特色。

比如，客家地区的粤菜擅长使用家畜、家禽类食材，而潮汕地区的粤菜则擅长使用海鲜、蔬果等食材。

二、食材的新鲜度与品质判断

粤菜中食材的新鲜度与品质判断需要从多个方面进行综合考虑。只有掌握了正确的判断方法和标准，才能确保食材的品质和口感达到最佳状态，从而制作出美味的粤菜佳肴。

1. 新鲜度判断

对于食材新鲜度的判断可按图5-2所示的几个方法来进行。

图5-2　食材新鲜度判断方法

（1）外观观察。

可根据食材的外观来判断其新鲜度，具体方法如表5-1所示。

表5-1　外观观察

序号	类别	具体说明
1	海鲜类	如鱼类，新鲜的鱼鳞片发光，紧贴鱼体不易脱落；鱼鳃清洁鲜红，无黏液和臭味，鳃盖及口紧闭；眼珠清亮凸出，黑眼珠和白眼珠界线分明；鱼体表皮上有一层清洁、透明的黏液，肚腹不膨胀。活鱼活泼好动，对外界刺激有敏锐的反应，身体各部分如眼、口、鳃、鳞、鳍等无残缺或病害。冻鱼则鱼体坚硬，在用硬物敲击时能发出清晰的响声，鱼体温度在−6℃～−8℃，体表无污物，色泽鲜亮
2	肉类	新鲜的肉肉体有光泽，呈粉红色，无任何体液流出，有弹性。如猪肉原有色泽为淡灰赤色，鸡肉为浅粉红色，若颜色呈现暗赤色或绿色则不新鲜。冷藏肉品表面温度应为10℃以下，冷冻肉品表面温度应为−12℃以下
3	蔬果类	根菜类以生脆不干缩，表皮光亮润滑，水分充足者为好；叶菜类以叶身肥壮，色泽鲜艳，菜质细嫩者为好；瓜果类以色泽鲜艳，无斑点者为好

（2）气味判断。

可根据食材的气味来判断其新鲜度，具体方法如表5-2所示。

表5-2　气味判断

序号	类别	具体说明
1	海鲜类	新鲜的海鲜有自然的海水味或腥味，但不刺鼻；不新鲜的海鲜会散发出腥臭或腐败的气味

续表

序号	类别	具体说明
2	肉类	新鲜的肉闻起来有淡淡的血腥味或肉香味，而变质的肉则有异味或臭味
3	蔬果类	新鲜的蔬果有自然的清香味，而变质的蔬果则可能有异味或霉味

（3）触感判断。

可根据食材的触感来判断其新鲜度，具体方法如表5-3所示。

表5-3　触感判断

序号	类别	具体说明
1	海鲜类	新鲜的鱼鱼背坚实有弹性，压下去的凹陷处能立即恢复原状；虾体完整，有一定的弯曲度，肉质坚实、细嫩；蟹腿爪完整，腿肉坚实
2	肉类	用手指摸肉，看是否有弹性
3	蔬果类	用手触摸蔬果表面，新鲜的蔬果表皮光滑、饱满，而不新鲜的蔬果则可能表皮干瘪、有皱纹或斑点

2. 品质判断

粤菜中食材的品质判断需要从产地与品种、成熟度与生长周期、外观与色泽以及包装与储存等多个方面进行综合考虑。只有掌握了这些判断标准和方法，才能够确保食材的品质和口感达到最佳状态，从而制作出美味的粤菜佳肴。

（1）产地与品种。

食材的产地对其品质有着至关重要的影响。生态环境良好、污染少的地区产出的食材往往更加健康、纯净，有害物质含量低，营养价值高。不同的地区由于气候、土壤、水质等自然条件的不同，产出的食材在口感、风味上也会有所差异。因此，在选择食材时，了解其产地背景有助于更好地把握食材的品质和特性。

同一类食材的不同品种在口感、营养价值、烹饪适应性等方面也会有所不同。比如，在粤菜中常用的鱼类，有草鱼、鲈鱼、鲑鱼等多种品种，每种鱼的肉质、口感和烹饪方法都有所不同。

因此，在选择食材时，应根据菜品的需求和食材的特性进行综合考虑，选择最适合的品种。

（2）成熟度与生长周期。

食材的成熟度对口感和营养价值有着直接的影响。

比如，蔬果类食材在成熟度适中时，口感最佳，营养价值也最高，过熟或过生的蔬果的口感和营养价值都会有所下降；海鲜类食材的成熟度也直接影响口感和风味，过熟的海鲜肉质会变得松散，口感不佳，而过生的海鲜则可能带有腥味或口感生硬。

食材的生长周期越长，往往意味着食材积累了更多的养分和风味物质，营养价值更高，口感更佳。

比如，一些野生海鲜由于生长周期长，其肉质更加紧实、鲜美。

然而，生长周期长的食材往往也面临着更高的采集成本和更稀缺的供应量，因此在选择时需要综合考虑成本效益和菜品需求。

（3）外观与色泽。

优质的食材通常具有较好的外观。这不仅能够提升菜品的视觉效果，还能够反映出食材的新鲜度和品质。

比如，海鲜类食材的鳞片完整、无损伤，能够反映出捕捞和运输过程中的保护情况；肉类食材的肉质细腻、纹理清晰，则能够反映出饲养和屠宰过程中的质量控制情况。

食材的色泽也是判断其品质的重要依据之一。不同的食材具有不同的色泽特征。

比如，蔬果类食材的色泽鲜艳、均匀，能够反映出成熟度和营养价值；海鲜类食材的色泽则能够反映出新鲜度和捕捞时间。

因此，在选择食材时，应注意观察食材色泽是否符合预期，以判断食材品质和新鲜度。

（4）包装与储存。

优质的食材通常采用良好的包装方式，以保持食材新鲜度和口感。包装材料的选择、密封性、透气性等因素都会影响食材的品质。

比如，对于海鲜类食材，采用真空包装能够有效地隔绝空气和细菌，延长食材保质期；对于蔬果类食材，采用透气性好的包装材料则能够保持其新鲜度和口感。

储存条件也是影响食材品质的重要因素之一。不同的食材需要不同的储存条件，例如冷藏、冷冻、常温等。在储存食材时，应注意控制温度、湿度等环境因素，以保持食材的新鲜度和口感。同时，还应注意避免食材之间的交叉污染和异味串味等问题。

三、食材的预处理与保存方法

粤菜中食材的预处理与保存方法多样且灵活，需要根据食材的种类、特性和烹饪需求进行综合考虑和选择。正确的预处理和保存方法不仅能够确保食材的新鲜度和口感，还能够提升烹饪效率和菜品质量。

1. 食材的预处理方法

正确的食材预处理方法不仅可以提高烹饪效率，还可以保证菜品的质量和营养价值。因此，在烹饪粤菜时，应根据食材的种类和特性选择合适的预处理方法。常用的食材预处理方法有以下几种：

（1）飞水（焯水）。

飞水是粤菜烹饪中常用的食材预处理方法，主要用于去除食材的异味、血污和杂质，同时使食材达到一定的成熟度。

飞水的步骤如图5-3所示。

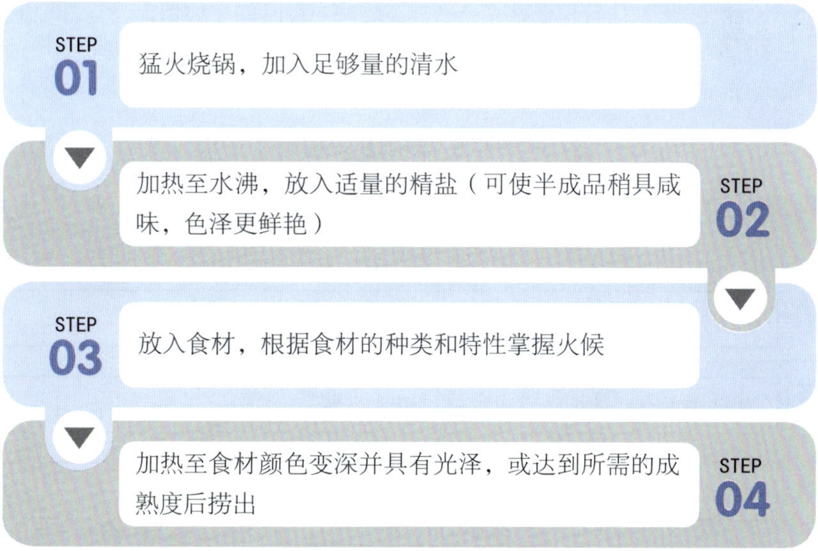

图5-3　飞水的步骤

飞水的注意事项如图5-4所示。

1 水量要足够，使所有食材都能浸入水中，受热均匀

2 对于异味较重的食材，如动物内脏，应冷水下料，以便更好地去除异味

3 对于易熟的食材，如蔬菜，应猛火加热，防止长时间浸泡导致营养流失

图5-4　飞水的注意事项

（2）腌制。

腌制是粤菜烹饪中常用的食材预处理方法，主要用于使食材入味，同时提升食材的嫩度和口感。腌制的步骤如图5-5所示。

STEP 01 将食材洗净、切好

STEP 02 加入适量的调味料（如盐、糖、醋、生抽、料酒、蚝油等）

STEP 03 将调味料与食材充分结合，腌制一段时间（根据食材的种类和特性而定）

图5-5　腌制的步骤

腌制的注意事项如图5-6所示。

1 调味料的用量要根据食材种类和个人口味进行调整

2 腌制时间不宜过长，以免食材过咸或过酸

3 腌制后的食材要尽快烹饪，以保持新鲜度和口感

图5-6　腌制的注意事项

（3）碱水处理。

碱水处理主要用于使某些蔬菜食材（如苦瓜）的颜色更加鲜艳、口感更加柔软。碱水处理的步骤如图5-7所示。

STEP 01　将食材切成适当的大小和形状

STEP 02　猛火烧锅，加入清水，加热至水沸

STEP 03　加入适量的碱性物质（如纯碱、食粉、枧水等）

STEP 04　放入食材，加热至一定熟度或纤维素软化后捞出

STEP 05　用清水反复漂洗，去除残留的碱性物质，并使食材冷却

图5-7　碱水处理的步骤

碱水处理的注意事项如图5-8所示。

1　碱性物质的用量要适中，以免破坏食材的组织结构

2　加热时间不宜过长，以免食材过熟

3　漂洗时要彻底，以去除残留的碱性物质

图5-8　碱水处理的注意事项

（4）烫皮。

烫皮主要用于使食材（如五花肉）的表皮更加紧实，便于后续烹饪。烫皮的方法是将食材的表皮用沸水烫一下，然后迅速捞出。

（5）去腥。

去腥主要用于去除食材（如鱼、虾等）的腥味。去腥的方法是用料酒、姜、

葱等调味料腌制食材一段时间。

（6）初步熟处理。

对于一些质地较老韧或难熟的食材（如牛肉、羊肉等），可以采用炖、煮等方法进行初步熟处理，使其达到一定的软糯度。

2. 食材的保存方法

食材的保存方法如表5-4所示。

表5-4 食材的保存方法

序号	方法	具体说明
1	低温保存	适用于肉类、海鲜等易腐食材。 方法：将食材放入冰箱或冷库中，利用低温抑制微生物的生长和繁殖，延长食材的保质期。例如，鲜肉可以放入冰箱短期保存，冻肉则应迅速放入冰箱冷冻层以防冰融化。海鲜类食材也应放入冰箱或冷库内保存，但需注意冰融化的水要充分排出，避免食材浸泡在冰水中
2	密封保存	适用于调味料、干果等食材。 方法：将食材严密封闭在一定的容器内，与日光、空气隔绝，防止氧化和微生物感染。例如：南乳、腐乳等在装瓶后可以酌量注入麻油以防霉菌生长；火腿表面涂上蜡或油脂可长期保存；调味罐中的麻酱、番茄酱等可盖上一层食油以防变质
3	干燥保存	适用于菌菇类、干果等食材。 方法：通过烘干、晒干、吹干等方法将食材中的水分部分或全部脱出，使微生物难以繁殖。例如，菌菇类食材可以使用干燥、防水的容器（如牛皮纸袋、真空包装袋）收纳，并尽量挤干袋子中的空气后冷藏保存
4	腌制保存	适用于蔬菜、肉类等食材。 方法：利用盐、糖、醋等调味料的渗透压力挤出食材的水分，同时在高糖、高酸、高盐环境下抑制细菌繁殖。例如：将蔬菜腌制成泡菜或酸菜；将肉类腌制成腊肉或酱肉等
5	其他	（1）对于豆制品等易腐食材，可以将其做成半成品（如豆腐煎熟后冷冻）或分装后放冷冻室保存。 （2）对于绿叶菜等“娇气”食材，可以擦干叶子上的水分后用纸巾裹住根部放入密封袋保存，但需注意尽快食用以保持新鲜度

第六章 粤菜烹调工艺的基础与提升

粤菜之所以享誉中外，是因为其烹调工艺讲究。所谓“烹”就是加热，使原料由生变成熟；所谓“调”就是调味，使菜肴去腥解腻，做到有色、有味、有香。“烹”与“调”是相辅相成、互相结合的，两者都要掌握得法，才能使菜肴色、香、味、形俱佳。

一、粤菜的基本烹饪技法

粤菜的基本烹饪技法如图6-1所示。每种烹饪技法都有其独特的特点和适用场景，能够制作出各种口味和风格的粤菜佳肴。

图6-1 粤菜的基本烹饪技法

1. 炒

炒是粤菜中最常用的烹饪技法之一。它讲究火候和速度，以保持食材的鲜嫩和口感。根据炒制方法和特点的不同，炒可以分为生炒、熟炒、软炒和拉油炒等，如表6-1所示。

表6-1 炒的分类

序号	分类	具体说明
1	生炒	将加工处理并腌制后的主料与辅料直接投入有少量油的热锅中，快速翻炒，调味勾芡成菜。特点是操作简单快捷，菜肴能较好地保留主料的鲜味，有锅气，爽口脆嫩。如炒肉片（见图6-2）、七彩牛柳丝等
2	熟炒	原料必须先经过水煮等方法制熟，再改刀成片、丝、丁、条等形状，而后进行炒制。特点是起菜快捷
3	软炒	主要适用于蛋类、牛奶等原料，如滑蛋虾仁、大良炒牛奶、凉瓜炒蛋等。特点是鲜香软滑，是粤菜炒法中最常用的一种
4	拉油炒	先将主料拉嫩油炒至八成熟，然后与配料、料头等同炒。特点是菜肴色泽明亮，口感爽脆，肉嫩滑，香气浓，易上芡，卖相好。如碧绿花枝玉带、雀巢海中宝等

图6-2 炒肉片

2. 煎

煎是将食材放入有少量油的热锅中，以油传导热能，使食材由生至熟，并使其表面变成金黄色的一种烹饪方法。煎的常用方法有干煎、湿煎、煎封、半煎炸等，如表6-2所示。

表6-2 煎的分类

序号	分类	具体说明
1	干煎	把经过刀工处理和调味后的原料直接放入有少量油的热锅中，用慢火加热至表面呈金黄色。干煎法制出的菜肴，具有表面金黄焦香的特点，主要突出焦香味，如香煎银鳕鱼、香煎南瓜饼、香煎虾饼（见图6-3）等

续表

序号	分类	具体说明
2	湿煎	将原料煎至两面呈金黄色后，投入料头，加入汤及调味料，再勾芡成菜。湿煎要求香滑，保留原料鲜味，如西汁煎牛柳等
3	煎封	将腌制好的原料放入有少量油的热锅中，用慢火煎至两面呈金黄色后，加入料头及煎封汁，加盖焖至熟，再勾芡成菜。用煎封法烹制的菜肴具有外焦香、内软滑的特点。多用于烹制鱼类，如煎封鲳鱼、煎封罗非鱼等
4	半煎炸	以煎为主，用慢火将腌制好并裹有蛋粉浆的原料煎至定型及表面呈金黄色后，再加入定量的油炸至熟透而成菜。特点是菜品外形平整美观、色金黄、肉鲜嫩，如吉列斑块、沙律海鲜卷等

图6-3　香煎虾饼

3. 炸

炸是将食材投入油量较多且油温很高的锅中，加热炸熟，使成品甘香酥脆的一种烹饪方法。炸法中常用的有酥炸、脆炸、脆皮炸、吉列炸四种，如表6-3所示。

表6-3　炸的分类

序号	分类	具体说明
1	酥炸	一般都是将原料拌上蛋液和干生粉，浸炸而成，特点是菜品外酥脆而肉香滑，如五柳菊花鱼（松鼠桂鱼）等
2	脆炸	将原料裹上脆浆，先高油定型后浸炸，特点是菜品酥脆甘香，如脆炸鲜奶（见图6-4）等

续表

序号	分类	具体说明
3	脆皮炸	在原料表面淋上脆皮糖浆水（用麦芽糖、浙醋等调成），晾干后放入温度合适的沸油中，炸熟且使其表面呈大红色（或枣红色），成品皮脆肉滑，如脆皮鸡、脆皮鸽等
4	吉列炸	将腌制好的原料或用威化纸包好的半成品，表面粘上一层蛋浆后均匀地拍上面包糠，再放入沸油中炸至表面呈金黄色，成品香脆，如吉列斑块、沙律海鲜卷等

图6-4　脆炸鲜奶

4. 蒸

蒸是粤菜中常用的烹饪技法之一。它利用水蒸气作为传热介质，使食材在高温下快速熟透，同时保持原汁原味。蒸法中常用的有清蒸、粉蒸两种，如表6-4所示。

表6-4　蒸的分类

序号	分类	具体说明
1	清蒸	将食材放入蒸锅中，加入适量的水，盖上锅盖，用旺火蒸制。清蒸能够最大限度地保留食材的鲜味和营养，是粤菜中常用的烹饪方法之一，如清蒸鱼（见图6-5）等
2	粉蒸	将食材与米粉等调料拌匀后，放入蒸锅中蒸制。粉蒸能够使食材更加酥烂入味，口感更加丰富

图6-5　清蒸鱼

5. 灼

灼是使用沸水将食材直接烫熟，而无须再进行其他烹饪步骤，只需要配上酱碟调料即可食用的一种烹饪方法。灼制的菜肴通常口感脆嫩，色泽鲜亮，能够最大限度地保留食材的原汁原味，如白灼虾的爽口弹牙、白灼菜心（见图6-6）的脆嫩甘鲜。

图6-6　白灼菜心

6. 焖

焖是将食材放入加有适量水的锅中，用中小火慢煮的一种烹饪方法。焖制的菜肴通常口感酥烂，味道浓郁。焖法中常用的有红焖、黄焖两种，如表6-5所示。

表6-5　焖的分类

序号	分类	具体说明
1	红焖	加入酱油等调料，使食材呈现红亮色泽，如红焖羊肉（见图6-7）、红焖牛肉等
2	黄焖	用黄酒等调料进行焖制，使食材带有浓郁的酒香，如黄焖鸡、黄焖鸭等

图6-7　红焖羊肉

7. 炖

炖是将食材放入炖盅或砂锅中，加入适量的水或汤，用小火慢炖至熟烂的一种烹饪方法。炖制的菜肴通常口感细腻，汤汁浓郁。炖法中常用的有清炖、药材炖两种，如表6-6所示。

表6-6　炖的分类

序号	分类	具体说明
1	清炖	只加入适量的水和盐等调料，使食材保持原汁原味，如清炖排骨、清炖鸡等
2	药材炖	加入适量的药材进行炖制，以达到滋补养生的效果，如虫草炖水鸭（见图6-8）、淮杞炖水鱼等

图6-8　虫草炖水鸭

8. 煲

煲是将食材放入砂锅或瓦罐中，加入适量的水或汤，用中小火慢煮的一种烹饪方法。煲制的菜肴通常口感浓郁，汤汁香浓。煲法中常用的有砂锅煲、瓦罐煲两种，如表6-7所示。

表6-7　煲的分类

序号	分类	具体说明
1	砂锅煲	使用砂锅进行煲制，使食材更加酥烂入味，如砂锅鱼头煲、砂锅豆腐煲（见图6-9）等
2	瓦罐煲	使用瓦罐进行煲制，能够保持食材的原汁原味和营养，如瓦罐鸡、瓦罐鸭等

图6-9　砂锅豆腐煲

9. 烩

烩是将食材放入加有适量水和调料的锅中，用中小火慢煮至汤汁浓稠的一种烹饪方法。烩制的菜肴通常口感鲜嫩，汤汁浓郁。烩法中常用的有红烩、白烩两种，如表6-8所示。

表6-8 烩的分类

序号	分类	具体说明
1	红烩	加入番茄酱等调料，使食材呈现红亮色泽，如红烩牛肉、红烩鸡肉等
2	白烩	不加番茄酱等有色调料，使食材保持原色，如白烩鱼片、白烩虾仁（见图6-10）等

图6-10 白烩虾仁

10. 焗

焗是粤菜中特有的烹饪技法之一。它是利用盐、沙或锅盖等作为传热介质，将食材在高温下焖熟的一种烹饪方法。焗制的菜肴通常口感酥烂，味道浓郁。焗法中常用的有盐焗、沙焗、锅上焗三种，如表6-9所示。

表6-9 焗的分类

序号	分类	具体说明
1	盐焗	将粗盐炒至大热，利用盐的热力将食材烫熟，如盐焗鸡（见图6-11）、盐焗鸭等
2	沙焗	将食材放入热沙中焖熟，如沙焗鳝鱼、沙焗排骨等
3	锅上焗	在锅上将食材直接焗熟，如上汤焗龙虾等

图6-11 盐焗鸡

二、火候与油温的掌控技巧

在粤菜烹饪中，火候与油温的掌控需要综合考虑原料性质、菜肴类型、菜肴要求以及烹制过程中原料的变化。只有熟练掌握这些技巧，才能烹制出色香味俱佳的粤菜佳肴。

1. 火候的掌控技巧

（1）根据原料性质掌控火候。

质老形大的原料，如牛肉块、猪排等，宜用慢火长时间烹制，以确保原料内部熟透，外部不焦煳。

质嫩形小的原料，如鱼片、虾仁等，宜用旺火短时间烹制，以保持其鲜嫩口感。

（2）根据菜肴类型掌控火候。

炖、焖类菜肴，如炖排骨、焖鸡等，宜用中小火慢炖，使原料酥烂入味。

炒、爆类菜肴，如炒青菜、爆炒腰花等，宜用旺火快炒，以保持原料的脆嫩和色泽。

（3）根据菜肴要求掌控火候。

需要保持原料原色的菜肴，如炒绿叶蔬菜，宜用旺火快炒，减少加热时间，以防叶绿素被破坏。

需要使原料酥脆的菜肴，如炸花生米，宜用中火慢炸，使原料内部水分蒸发，达到酥脆的效果。

（4）注意火候的变化。

在烹制过程中，要根据原料的变化和菜肴的要求，适时调整火候。如炖肉时，初时可用旺火使汤汁沸腾，然后转为中小火慢炖。

2. 油温的掌控技巧

（1）判断油温的方法。

判断油温的方法如图6-12所示。

冷油温	油温约二三成热，油面平静，无烟和声响
低油温	油温约四五成热，油面有小气泡，但无烟和声响，适合滑炒等
中油温	油温约五六成热，油面波动，微有青烟升起，适合炝炒、干炸等
高油温	油温约七八成热，油面平静，冒青烟，适合油炸、煎制等

图6-12　判断油温的方法

（2）掌控油温的技巧。

炒制蔬菜时，油温不宜过低，以免蔬菜出水、发黄，营养流失。一般五六成热的油温较为适宜。

做油炸类菜肴时，油温要适中，过低会使菜肴挂浆脱散，过高则会使菜肴外焦里不熟。一般七八成热的油温较为适宜。

做煎制类菜肴时，油温要略高一些，以使食材迅速定型，避免粘锅、破皮。如煎鱼、煎豆腐等。

（3）注意油温的变化。

在烹制过程中，要根据食材的变化和菜肴的要求，适时调整油温。如炸制食材时，初时油温可稍高一些，使食材迅速定型，然后转为中火或小火慢炸，使食材内部熟透。

3. 火候与油温的配合

（1）炒制类菜肴。

旺火快炒时，油温要略高一些，以保持原料的脆嫩和色泽。

中小火慢炒时，油温要适中，以使原料入味且不过火。

（2）炖焖类菜肴。

先用旺火使汤汁沸腾，然后转为中小火慢炖，同时保持适当的油温，使原料酥烂入味。

（3）油炸类菜肴。

油温要适中，同时根据食材的大小和形状，适时调整火候和油温，以确保食材外酥里嫩、色泽金黄。

三、粤菜的调味与勾芡艺术

粤菜的调味与勾芡艺术，是粤菜烹饪技艺中的重要组成部分。它们共同塑造了粤菜独特的风味和精致的外观。通过巧妙的调味与勾芡技巧，粤菜厨师能够制作出令人垂涎欲滴的美味佳肴，为食客们带来美妙的味蕾享受。

1. 调味艺术

粤菜的调味方法多样，从原料处理至菜品制成的过程中，调味的次数、次序、方法以及调味料都各有讲究。

（1）调味次数。

可分为一次性调味、两次性调味和多次性调味等三种方法。这主要取决于菜肴的烹饪过程和食材的特性。

（2）调味次序。

可分为烹前调味、烹中调味和烹后调味三种。烹前调味主要是为了腌制食材，使其入味；烹中调味则是在烹饪过程中调整味道；烹后调味则是对成菜进行最后的提味。

（3）调味方法。

可分为腌制法、煨和㸆法、直接调入法、勾芡调入法、淋入法和跟佐料法等六种。其中，腌制法是粤菜烹饪中常用的调味方法，通过腌制可以增加食材的香味，去除异味，改善质感。

（4）调味料。

粤菜的调味还注重原料色彩的搭配和口味的调和，追求色、香、味、形俱佳。常用的调味料有盐、糖、生抽、老抽、醋、料酒、味精、姜、葱、蒜等，以及各种鲜味调料如虾酱、鱼露等。这些调味料在粤菜烹饪中发挥着举足轻重的作用，使得粤菜口味丰富多变，鲜美可口。

此外，一些粤菜还会使用特殊的调味料，如沙茶酱、柱侯酱、蚝油等。这些调味料不仅为菜品增添了丰富的口感层次，也体现了粤菜的独特风味。

相关链接

常见的粤式特色调味品

调味品是指能增加菜肴的色、香、味，促进食欲，有益于人体健康的辅助食品。对于美味的粤菜来说，当然少不了富有地方特色的粤式调味品。

一、蚝油

蚝油（见图6-13）以素有“海底牛奶”之称的牡蛎为原料，经煮熟取汁、浓缩，加辅料精制而成。蚝油是粤菜制作中常用的鲜味调料。

蚝油味道鲜美，蚝香浓郁，黏稠适度，营养价值高，是制作蚝油鲜菇牛肉、蚝油青菜、蚝油拌面等传统粤菜的主要调味品。

图6-13　蚝油

二、柱侯酱

柱侯酱（见图6-14）相传由佛山厨师梁柱侯创制，为佛山特产之一。它以大豆、面粉为原料，经制曲、晒制后成为酱坯，再和以猪油、白砂糖、芝麻蒸煮而成。柱侯酱色泽红褐，豉味香浓，口感醇厚、鲜甜、甘滑。用柱侯酱烹饪的鸡肉、牛肉、鸭肉、猪肉等畜禽肉类，香浓入味，肉质鲜嫩，不油腻。

图6-14　柱侯酱

在粤菜中，用柱侯酱做主要调料的经典菜肴有柱侯鸡、柱侯鹅、柱侯猪手、柱侯牛腩（牛杂）等。

三、沙茶酱

沙茶酱（见图6–15）是起源于东南亚地区，后传至潮汕地区，盛行于福建省、广东省等地的一种混合型调味品。沙茶酱色泽淡褐，呈糊酱状，具有大蒜、洋葱、花生米等特殊的复合香味及虾米和生抽的复合鲜咸味，还有轻微的甜味、辣味。

图6–15　沙茶酱

沙茶酱风味独特，兼有辣、香、甜、咸等多种味道，吃火锅时可以用来当蘸料，也可以作为烤肉串的调味品，还可以用来烹炒菜肴。

四、南乳

南乳（见图6–16）又叫红腐乳、红方，以优质大豆为主要原料，以红曲米、绍酒等为辅料，经复合发酵精制而成。南乳含大量优质蛋白和人体所需的多种氨基酸，表面呈枣红色，内部为杏黄色，香气浓郁，风味醇厚，具有健脾开胃的功效。

图6–16　南乳

用南乳烹饪的菜肴之中，顺德特产大良蹦砂脍炙人口。它是由面粉拌和南乳、猪油、白砂糖等配料制成的传统食品。正宗的广州特色食品咸煎饼、鸡仔饼也以南乳作为重要的调味原料。岭南美食南乳花生不仅十分美味，而且多吃也不会上火，更是下酒的上乘小食。

五、豆豉

豆豉（见图6–17）是以黑豆或黄豆为主要原料，利用毛霉、曲霉或者细菌蛋白酶的作用分解大豆蛋白质，达到一定程度时，通过加盐、加酒、干燥等方法抑制酶的活力，延缓发酵过程而制成的。

图6–17　豆豉

广东最有代表性的豆豉当数阳江豆豉，其主要选用阳江当地所产的黑豆，以独特的工艺制作而成。阳江豆豉的色泽乌黑油润，豉肉松化，豉味浓香，风味独特，鲜香可口，富有营养，是蒸鱼、蒸排骨和炒菜的调味佳品，也是食品加工的理想原料。

2. 勾芡艺术

勾芡是粤菜烹饪中保证菜肴质量的重要手段之一。它不仅可以增加菜肴的光泽感和油滑感，还可以提升菜肴的卖相和口感。

（1）勾芡的作用。

勾芡的作用如图6-18所示。

调味保温	勾芡可以控制菜式的浓稠度，起着调味和保温的作用
定型增色	勾芡后，菜肴的形状更加饱满，色泽更加鲜明
增加光泽	芡汁的糊化作用使得菜肴表面光洁明亮，增加了菜肴的光泽感
提升口感	勾芡后，菜肴的口感更加滑嫩可口，味道更加浓郁

图6-18　勾芡的作用

（2）芡汁的种类。

按浓稠度和芡量划分，有包心芡、玻璃芡和烩羹芡三种。包心芡浓稠而量少，紧粘和包裹在菜肴上；玻璃芡（见图6-19）较稀但量多，使菜肴表面光洁明亮；烩羹芡则用于制作羹汤类菜肴，使汤菜交融，滑嫩可口。

图6-19　玻璃芡

按颜色划分，有白芡、青芡、清芡和黑芡等，以适应不同菜肴的色泽需求。

（3）勾芡的技巧。

勾芡的技巧如表6-10所示。

表6-10　勾芡的技巧

序号	要点	具体说明
1	芡液的调配	常用的芡液调配方法有两种：一种是调配对汁芡液，即将芡汤、调味品与一定量的湿芡粉混匀而成的芡液；另一种是调配水粉芡液，即将清水与湿芡粉混匀而成的芡液
2	勾芡的时机	一般应在菜肴九成熟时进行勾芡，过早或过迟都会影响菜肴的质量。同时，还必须在菜肴口味确定后，才可加入芡液
3	火候的控制	炒法菜肴勾芡时一定要用旺火，以快速糊化芡液并均匀附着在菜肴表面；而烩羹推芡则要慢火，以防止芡粉结块
4	底油的控制	勾芡前，锅中的余油和食材沾有的油量应尽量少，以便于芡汁包裹食材。但若没有适量的底油，芡汁成熟时会严重粘锅

（4）勾芡的方法。

常用的勾芡方法如图6-20所示。

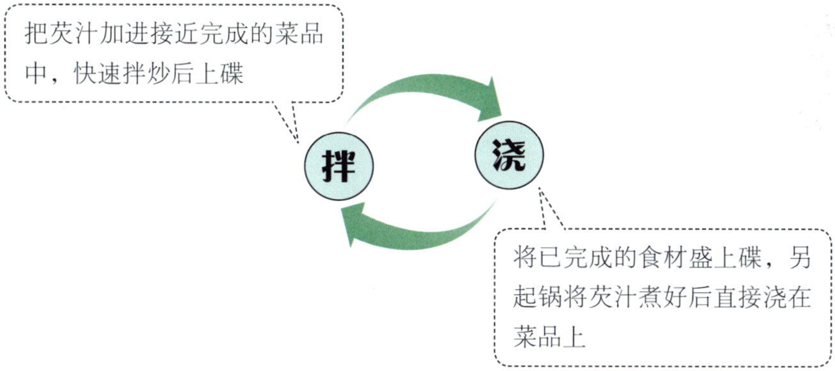

图6-20　常用的勾芡方法

第七章　粤菜的摆盘与装饰艺术

粤菜的摆盘与装饰艺术是其独特魅力的重要组成部分。它融合了粤菜烹饪的精髓与中华文化的审美理念。

一、粤菜的摆盘艺术

粤菜的摆盘艺术是其烹饪技艺中重要的一环。它融合了色彩美学、形状构图以及文化内涵，为粤菜增添了独特的视觉享受。具体来说，粤菜的摆盘艺术主要体现在如图7-1所示的几个方面。

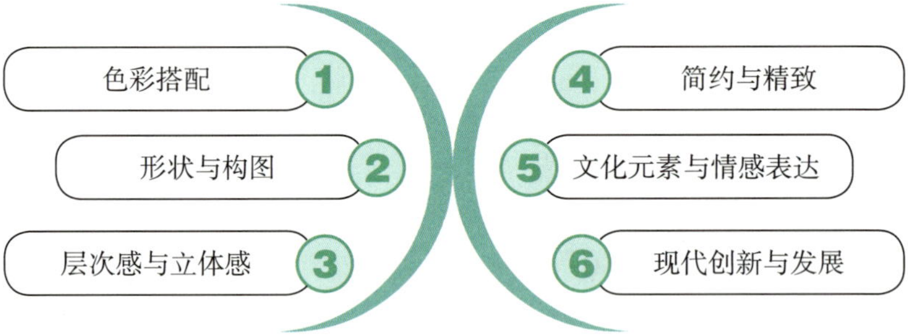

图7-1　粤菜的摆盘艺术

1. 色彩搭配

粤菜摆盘非常注重色彩的和谐与对比，通过食材的天然色彩来营造出丰富多彩的视觉效果。常用的色彩有红、黄、绿、白、黑等。这些色彩在粤菜摆盘中被巧妙地运用。

比如，红色的番茄、黄色的芒果、绿色的蔬菜、白色的豆腐和黑色的木耳等食材，都可以成为摆盘中的亮点。

粤菜厨师们善于利用这些色彩进行搭配，使菜品看起来更加诱人。具体如图7-2所示。

图7-2　菜品摆盘示例——色彩搭配

2. 形状与构图

粤菜摆盘的形状与构图主要表现在如表7-1所示的几个方面。

表7-1　粤菜摆盘的形状与构图

序号	要点	具体说明
1	几何形状的运用	简单的几何形状是摆盘的“骨架”，粤菜厨师们会利用这些线条定位，再把菜添加进去。例如，利用圆形、方形、三角形等几何形状进行构图，可以使菜品看起来更加整洁有序
2	食材形状的变换	粤菜厨师们还会根据食材的特性进行形状的变换。如将蔬菜切成丝状、片状或雕刻成各种形状，以增加摆盘的层次感和立体感（见图7-3）
3	留白与平衡	粤菜摆盘注重留白，避免过于拥挤的视觉效果。同时，粤菜厨师们也会注意食材之间的平衡感，使摆盘看起来更加和谐

图7-3　菜品摆盘示例——食材形状的变换

3. 层次感与立体感

粤菜摆盘的层次感与立体感主要表现在如表7-2所示的几个方面。

表7-2 粤菜摆盘的层次感与立体感

序号	要点	具体说明
1	层次感的表现	粤菜摆盘注重层次感的表现，通过不同食材的叠加和组合，形成错落有致的视觉效果。例如，将蔬菜、肉类和海鲜等不同食材进行有序的排列和组合，使菜品看起来更加丰富多样
2	立体感的营造	粤菜厨师们善于利用食材的形状和大小来营造立体感。例如，将食材堆叠成小山状、塔状或其他形状，使菜品看起来更加立体和饱满（见图7-4）

图7-4 菜品摆盘示例——立体感的营造

4. 简约与精致

粤菜摆盘在简约与精致之间寻求平衡。一方面，它避免过于烦琐和复杂的装饰，使菜品看起来更加清爽自然；另一方面，它注重细节的处理和精致的呈现，使菜品在简约中展现出独特的美感（见图7-5）。

图7-5 菜品摆盘示例——简约与精致

5. 文化元素与情感表达

粤菜的摆盘艺术还融入了丰富的文化内涵和情感元素。通过巧妙的构思和设计，粤菜厨师们可以将传统文化元素融入摆盘中，如使用传统餐具、摆放寓意吉祥的食材等（见图7-6）。同时，他们还会通过摆盘来表达对食材的尊重和对食客的关怀，使食客在品尝美食的同时，也能感受到文化的熏陶和情感的共鸣。

图7-6 菜品摆盘示例——传统文化元素融入

6. 现代创新与发展

随着时代的变迁和消费者需求的变化，粤菜的摆盘艺术也在不断创新与发展。现代粤菜厨师们不仅注重对传统技艺的传承和发扬，还积极引入新的摆盘理念和手法，如使用现代餐具、融合西方摆盘元素等。这些创新使得粤菜的摆盘艺术更加丰富多彩，也满足了不同消费者的审美需求。

二、粤菜的装饰艺术

粤菜的装饰艺术是一种综合艺术，有食材装饰、雕刻与拼盘、运用餐具与摆饰以及融入季节性元素等多种手法。它不仅为食客提供了视觉、嗅觉和味觉等多重享受，还展示了粤菜文化的深厚底蕴和独特魅力。

1. 食材装饰

粤菜摆盘中的食材装饰，是一种既实用又美观的艺术手法。粤菜厨师们巧妙地利用各种食材的天然色彩和形状，为菜品增添亮丽的色彩与造型。

鲜花是粤菜摆盘中常见的装饰元素。它们不仅色彩鲜艳，香气四溢，还能为菜品增添一份生机与活力。绿叶如生菜叶、香菜叶等，则常被用来点缀菜品，使菜品整体看起来更加清新自然（见图7-7）。水果如芒果、草莓、柠檬等，不仅口感酸甜可口，还能为菜品增添一份果香，使食客在品尝美食的同时，也能享受到味觉和嗅觉的双重盛宴。

这些食材不仅具有装饰作用，还能提升菜品的口感和营养价值。例如：柠檬的酸味可以提升菜品的鲜味；草莓的甜味则能增加菜品的层次感；而绿叶蔬菜中的维生素和矿物质，更是为菜品增添了健康元素。

图7-7　菜品装饰艺术——食材装饰

2. 雕刻与拼盘

粤菜厨师们擅长使用雕刻技术，将食材雕刻成各种形状和图案，如花、鸟、鱼、虫等（见图7-8）。这些雕刻作品不仅具有极高的观赏价值，还能为菜品增添一份艺术感。它们不仅展示了厨师们精湛的技艺，更体现了粤菜文化的深厚底蕴。

图7-8　菜品装饰艺术——食材雕刻

同时，粤菜厨师们也善于将各种食材进行巧妙的拼盘组合。他们根据食材的色彩、形状和口感等特点，进行合理的搭配和排列，使菜品看起来更加美观大方。这种拼盘组合不仅提升了菜品的整体美感，还能使食客在品尝美食时感受不同食材之间的巧妙融合。

3. 运用餐具与摆饰

粤菜摆盘注重餐具的选择和摆饰的搭配。精美的餐具和恰当的摆饰能够提升菜品的整体美感，使食客在品尝美食的同时，也能感受到文化的韵味。

粤菜餐厅通常会选择具有岭南特色的餐具，如青花瓷碗碟（见图7-9）、银质餐具等。这些餐具不仅质地优良、造型美观，还能与菜品形成完美的搭配。

图7-9 菜品装饰艺术——餐具运用

此外，餐厅还会根据菜品的特色和风格，选择恰当的摆饰进行点缀。如使用花瓶、烛台等装饰品来营造浪漫的氛围，或使用扇子、屏风等装饰品来展示岭南文化的独特魅力。

4. 融入季节性元素

粤菜摆盘善于融入季节性元素，这是粤菜文化的一大特色。粤菜厨师们会根据季节的变化，选择合适的食材和装饰品来装点菜品。

春天，他们会使用鲜花和绿叶来点缀菜品，使食客感受到春天的生机与活力；夏天，他们则会选择水果和冷饮等食材来降温解暑，同时用色彩鲜艳的水果来增添菜品的色彩感（见图7-10）；秋天，他们会使用丰收的果实和蔬菜来装点菜品，展示秋天的丰收景象；而冬天，他们则会选择暖色调的食材和装饰品来营造温暖的氛围。

图7-10 菜品装饰艺术——水果装饰

这些季节性元素不仅能够增加菜品的色彩和提升口感，还能让食客感受到季节的变迁和自然的魅力。它们使粤菜摆盘更加生动有趣，充满了生活的气息。

第八章　粤菜的创新与发展

在粤菜的发展过程中，粤菜菜品的创新不仅满足了消费者的多样化需求，还推动了粤菜文化的传承和发展。通过创新，粤菜得以不断适应市场的变化和消费者的新口味需求，保持竞争力和吸引力。

一、烹饪技艺与口味的创新

粤菜烹饪技艺与口味的创新不仅丰富了菜品的种类和口味，还推动了粤菜的创新和发展。这种创新使得粤菜在保持传统风味的同时，更加符合现代消费者的口味需求和审美观念，也促进了不同菜系之间的交流和互动，推动了中餐文化的传承和发展。

1. 烹饪技艺的创新

粤菜在烹饪技艺上一直以精细、讲究火候而著称。然而，随着时代的变迁和消费者口味的变化，粤菜开始积极借鉴其他菜系的烹饪技艺。

比如，低温慢煮技术被广泛应用于粤菜烹饪中。这种技术能够最大限度地保留食材的原汁原味和营养成分，使得菜品口感更加细腻、鲜嫩。此外，分子料理等现代烹饪技术也被引入粤菜中，通过改变食材的物理和化学性质，创造出新颖独特的菜品形态和口感，为粤菜增添了更多的趣味性和创新性。

同时，粤菜还借鉴了川菜、湘菜等地方菜系的烹饪技法，如爆炒、干煸等，使得粤菜在烹饪技艺上更加丰富和多元化。

2. 调味方式的创新

调味是菜品制作中至关重要的环节。粤菜在调味上讲究原汁原味，注重食材的本味。然而，在与其他菜系的融合过程中，粤菜也开始尝试借鉴其他菜系的调味方式。

比如，粤菜厨师们会将西式调味品如迷迭香、百里香等融入粤菜中，为菜品增添独特的香气和风味。

同时，粤菜还借鉴了川菜、湘菜等地方菜系的调味方式，使得粤菜在调味上更加多样化和富有层次感。

3. 菜品风格的创新

除了烹饪技艺和调味方式的创新外，粤菜还积极进行菜品风格上的创新。

比如，粤菜厨师们会将西式菜品的摆盘和装饰技巧融入粤菜中，使得粤菜在外观上更加精致和美观。

同时，粤菜还借鉴了川菜、湘菜等地方菜系的独特风味和引入了特色食材，创造出具有地方特色的粤菜菜品。这些融合后的菜品不仅保留了粤菜的传统风味，还融入了其他菜系的独特元素，使得粤菜在菜品风格上更加丰富和多元化。

比如，粤式火锅就是粤菜在菜品风格上的创新。这道菜将西式火锅的烹饪方式与粤菜的调味方式相结合，创造出一种全新的火锅体验。

相关链接

粤菜口味创新的案例

1. 传统菜式的新演绎

（1）咸香鸡。

创新点：在传统的咸香鸡基础上，通过独特的酱汁调配和浸鸡技巧的创新，使得鸡肉口感更加鲜嫩多汁，香味浓郁。酱汁中融入了多种中药材，如栀子等，赋予了咸香鸡独特的药食同源的风味。

（2）沙律乳猪件。

创新点：将传统的乳猪件与沙律相结合，通过添加什果、沙拉酱等辅料，使得乳猪件的口感更加清新爽口，同时也提升了菜品的营养价值和口味多样性。

2. 海鲜类菜品的创新

（1）波士顿龙虾。

创新点：采用牛油、葱、姜等调料进行炒制，并加入美味源清酱汁、胡椒粉和芥末油等调味料，使得龙虾的口感鲜美且风味独特。同时，薄荷的加入也为这道菜增添了清新的口感。

（2）基围虾。

创新点：将基围虾与老梅干、紫苏叶等调料相结合，通过炸制和炒制等烹饪手法，使得虾肉酸甜可口，风味独特。这种口味创新不仅保留了虾肉的鲜嫩口感，还增加了菜品的层次感。

3. 融合其他菜系元素的创新菜

（1）秘制酱香牛肋排配时蔬。

创新点：将牛肋排与芦笋、串番茄等辅料相结合，通过炖制和收汁等烹饪手法，使得这道菜口感鲜嫩多汁且带有浓郁的酱香味。同时，这道菜的调味方式融合了中式和西式的元素，呈现出独特的口感和风味。

（2）酸甜酱爆桂花鸡球。

创新点：将鸡腿肉与干桂花、泰国鸡酱等调料相结合，通过腌制和炒制等烹饪手法，使得这道菜口感鲜嫩且带有浓郁的桂花香味。酸甜酱的加入使得这道菜的味道层次更加丰富。

4. 其他创新口味的粤菜

（1）水乡传统酥化鸡蛋散。

创新点：通过独特的烹饪技艺和调料搭配，使得鸡蛋散口感酥脆可口且带有浓郁的香味。这种口味创新不仅保留了传统菜式的风味特点，还增加了新的口感体验。

（2）鲜茄汤雪花牛迷你蔬。

创新点：将鲜嫩的雪花牛肉与鲜茄汤相结合，再搭配上小巧精致的蔬菜作为点缀，使得这道菜口感鲜嫩多汁且营养丰富。同时，这道菜也展现了粤菜在烹饪技艺和食材搭配方面的创新精神。

二、食材的创新

随着全球食材交流的日益频繁和消费者口味的多样化，粤菜厨师们使用新的食材，并结合传统烹饪技艺，创造出了一系列新颖独特的菜品，极大地丰富了粤菜的内涵和外延。具体来说，粤菜食材的创新主要体现在如图8-1所示的几个方面。

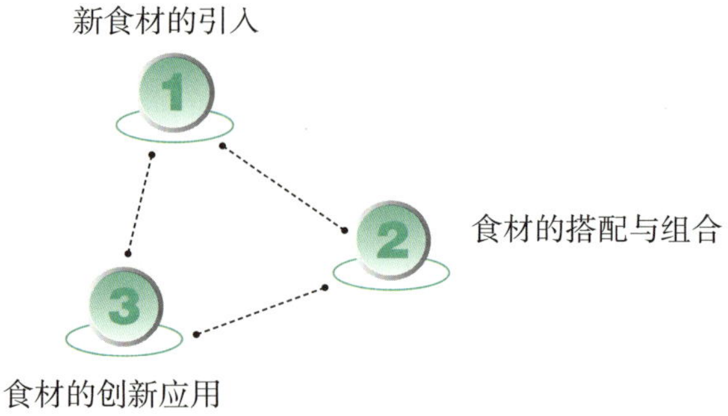

图8-1　粤菜食材的创新点

1. 新食材的引入

随着食材供应链的完善和新食材的引入，粤菜在创新过程中不断尝试使用新食材。这些新食材不仅丰富了菜品的口感和风味，还为粤菜的创新提供了更多的可能性。

（1）深海鱼。

粤菜厨师们积极引入深海鱼作为新的食材来源。深海鱼因其生长环境特殊，肉质细嫩、口感鲜美，且富含多种营养成分，如不饱和脂肪酸、蛋白质等，深受消费者喜爱。粤菜厨师们利用多种烹饪方法，如清蒸、红烧、煎炸等，充分展现深海鱼的鲜美口感和营养价值。

（2）珍稀菌类。

珍稀菌类如松茸、牛肝菌、竹笙等，因其独特的口感和丰富的营养价值，逐渐成为粤菜中的新宠。粤菜厨师们将这些珍稀菌类与海鲜、肉类等食材相结合，通过巧妙的搭配和烹饪技艺，创造出了一系列口感丰富、营养丰富的菜品。

（3）有机蔬菜。

随着人们对健康饮食的追求，有机蔬菜逐渐受到青睐。粤菜厨师们积极引入有机蔬菜作为新的食材来源，以满足消费者对健康饮食的需求。他们利用有机蔬菜新鲜、绿色、健康等特点，通过多种烹饪方法，如清炒、凉拌、炖汤等，充分展现有机蔬菜的营养价值和口感特点。

2. 食材的搭配与组合

（1）跨界搭配。

粤菜厨师们不拘泥于传统食材的搭配方式，而是积极尝试跨界搭配。他们将海鲜、肉类、蔬菜等不同种类的食材相结合，通过巧妙的搭配和烹饪技艺，创造出了一系列新颖独特的菜品。

比如，将深海鱼与珍稀菌类相结合，制作出鲜美可口的深海鱼菌汤；将有机蔬菜与海鲜相结合，制作出清爽可口的海鲜蔬菜沙拉等；将虾蟹与蔬菜、水果等食材相结合，制作出独特的菜品。

（2）地域特色融合。

粤菜厨师们还注重将不同地域的特色食材相融合。他们通过引入其他地区的优质食材，并结合粤菜的烹饪技艺和口味特点，创造出了一系列具有地域特色的菜品。

比如，将四川的辣椒与广东的海鲜相结合，制作出川味海鲜煲；将云南的野生菌与广东的鸡肉相结合，制作出野生菌炖鸡汤；等等。

3. 食材的创新应用

（1）食材的深加工。

粤菜厨师们不仅注重食材的新鲜度和质量，还积极尝试对食材进行深加工。他们通过腌制、熏制、发酵等工艺手段，将食材转化为具有独特风味和口感的半成品或成品。

比如，将新鲜的鱼肉腌制后制成鱼干或鱼酱；将新鲜的蔬菜腌制后制成泡菜或酸菜等。这些深加工后的食材不仅丰富了菜品的种类和口感，还提高了食材的利用率和附加值。

（2）食材的替代与改良。

在保持传统粤菜风味的基础上，粤菜厨师们还积极尝试对食材进行替代与改良。他们通过引入新食材或对传统食材进行改良处理，以创造出更加符合现代消费者口味和需求的菜品。

比如，将传统的猪肉替换为更加健康、低脂的鸡肉或鱼肉；将传统的油炸烹饪方式替换为更加健康、低脂的蒸、煮、炖等烹饪方式等。

三、粤菜开发的方向

粤菜开发的方向是一个多维度、多层次的概念。它涵盖了如图8-2所示的多个方面。

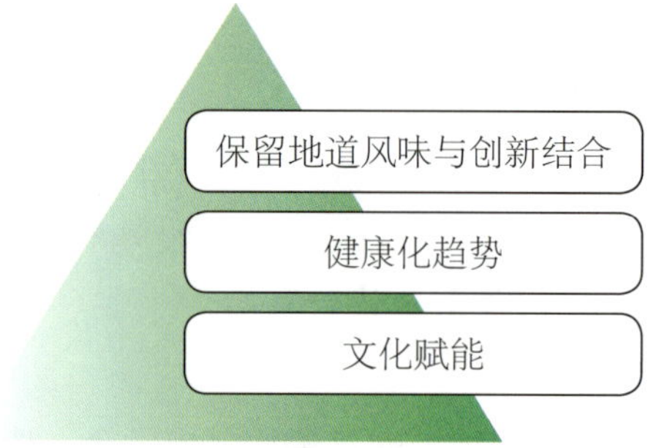

图8-2　粤菜开发的方向

1. 保留地道风味与创新结合

粤菜以用料讲究、技法精湛和口感多变而闻名于世。在开发过程中，保留粤菜的地道风味是至关重要的。这要求粤菜厨师们深入挖掘传统粤菜的制作工艺和食材选择奥秘，确保经典粤菜的核心元素不被削弱。

比如，传统的烧腊、炖品、白切鸡等菜品，都需要严格按照传统工艺进行制作，以保证独特的口感和风味。

然而，仅仅保留传统是不够的。在现代餐饮市场中，消费者对于新颖、独特的菜品有着极高的追求。因此，粤菜开发也需要注重创新，创造出具有特色的菜品，以满足消费者对于多样化和个性化的需求。

2. 健康化趋势

随着现代生活节奏的加快和消费者健康意识的提升，健康饮食已经成为一种趋势。在粤菜开发中，粤菜厨师也需要顺应这一趋势，注重菜品的健康化。

首先，可以在菜品中减少添加剂的使用，尽量使用天然食材和调味料来制作菜品。

比如，可以使用天然酱油、醋等调味料来替代人工合成的调味料，以增加菜品的天然口感和风味。

其次，可以尝试使用更加健康的烹饪方式，如蒸、煮、炖等，以减少油脂和热量的摄入。

再次，可以使用原生态的食材。

比如，可以加入更多富含膳食纤维的蔬菜、水果等食材，以增加菜品的营养价值和口感层次。

同时，也可以尝试使用一些新兴的健康食材，如黑松露、松茸等珍稀菌类，以及有机蔬菜、水果等，来提升菜品的品质和口感。

3. 文化赋能

粤菜不仅仅是一种美食，更是一种文化的载体。在粤菜开发中，文化赋能也是非常重要的。

首先，可以通过包装、说明书或短视频等形式，讲述粤菜的历史和文化故事。这不仅可以提升菜品的文化内涵，还可以让消费者更加深入地了解粤菜的历史和文化背景，增强他们对粤菜的认同感和归属感。

其次，可以将粤菜与当地的旅游资源相结合，打造出具有地方特色的餐饮品牌。

比如，可以在旅游景点周边开设粤菜餐厅，提供具有地方特色的菜品和服务,以吸引更多的游客前来品尝和体验。这不仅可以促进当地旅游业的发展，还可以提升粤菜品牌的知名度和影响力。

在未来的发展中，粤菜需要不断创新和完善，以适应市场需求和消费者口味的变化，同时保持其独特的文化魅力和历史底蕴。

四、粤菜开发的趋势

粤菜开发中涌现出了一系列新趋势。这些趋势不仅反映了消费者口味的变化，也体现了餐饮行业的创新与发展。具体如图8-3所示。

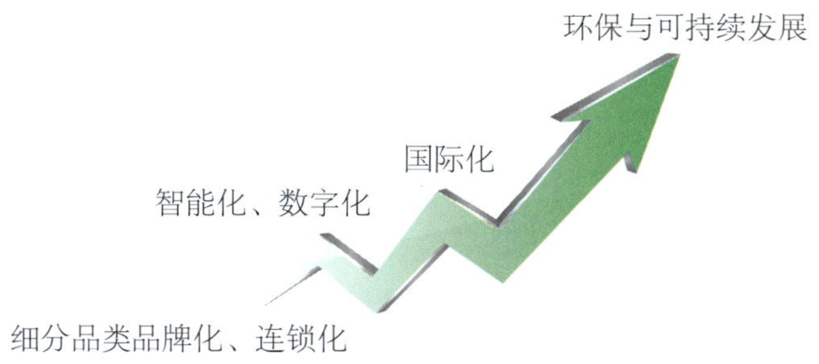

图8-3　粤菜开发的趋势

1. 细分品类品牌化、连锁化

粤菜的品牌化、连锁化进程正在加快，特别是粤式快餐和火锅等细分品类。

品牌化有助于降低成本、积累品牌资产、提升品牌竞争力。连锁化则有助于扩大市场份额、提高运营效率。

（1）细分品类品牌化。

细分品类品牌化是指对粤菜中的某一特定菜品或菜系进行品牌化运作，形成具有独特品牌识别度和市场竞争力的餐饮品牌。这一趋势的背景是消费者对于餐饮品质、口味和体验的要求日益提高，以及餐饮市场竞争的加剧。

在粤菜中，如烧腊、早茶、点心、肠粉等细分品类，都涌现出了众多知名的品牌。这些品牌通常具有明确的品牌定位、独特的菜品特色和优质的顾客服务，能够从众多竞争者中脱颖而出。品牌化还带来了产品标准化和流程化水平的提升，使得菜品质量更加稳定，顾客体验更加一致。

具体来说，细分品类品牌化的意义与影响如图8-4所示。

图8-4　细分品类品牌化的意义与影响

（2）细分品类连锁化。

连锁化是指餐饮企业通过复制成功的经营模式和管理体系，在不同地区开设多家分店，形成连锁经营网络。这一趋势的背景是餐饮市场的规模化、集约化和标准化发展。

在粤菜领域，如广州酒家、陶陶居、点都德等知名品牌都实现了连锁化经营。这些连锁品牌通常具有统一的装修风格、菜品口味和服务标准，能够给消费者带来一致的就餐体验。连锁化还形成了采购、仓储、物流等环节的规模化优势，降低了成本，提高了运营效率。

具体来说，连锁化的意义与影响如图8-5所示。

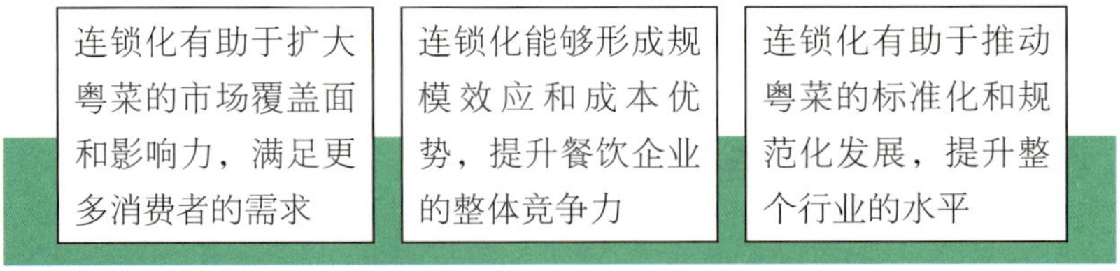

图8-5　连锁化的意义与影响

（3）细分品类品牌化与连锁化的结合。

在粤菜的发展中，细分品类品牌化与连锁化往往相互结合、相互促进。一方面，品牌化能够提升细分品类的知名度和竞争力，为连锁化提供有力支撑；另一方面，连锁化能够扩大品牌的市场覆盖面和影响力，进一步巩固和提升品牌形象。这种结合使得粤菜在餐饮市场中更加具有竞争力和生命力。

随着消费者对餐饮品质、口味和体验的要求不断提高，以及餐饮市场竞争的加剧，细分品类品牌化与连锁化将成为粤菜发展的重要趋势。未来，会有更多具有独特品牌识别度和市场竞争力的粤菜品牌涌现出来，同时也将有更多粤菜品牌实现连锁化经营，推动整个行业的持续发展和繁荣。

2. 智能化、数字化

随着信息技术的迅猛发展，餐饮业也逐渐迈入数字化和智能化时代。订餐软件、智能点餐机、电子支付等新技术的应用，为消费者提供了更加便捷、高效的用餐体验。而在粤菜产业中，数字化和智能化也将成为粤菜开发的趋势。

（1）智能化。

粤菜开发的智能化趋势体现在如表8-1所示的几个方面。

表8-1 粤菜开发的智能化趋势

序号	智能化技术	具体说明
1	智能烹饪设备	智能烹饪设备是粤菜开发智能化的重要体现。这些设备能够精确控制烹饪过程中的温度、时间等关键参数，确保菜品的口感和品质。例如：智能烤箱可以根据食材的不同特性和烹饪需求，自动调节温度和时间，实现精准烹饪；智能炒菜机则能够模拟大厨的翻炒动作和火候控制，快速烹制出美味的菜肴
2	智能点餐系统	智能点餐系统能够简化点餐流程，提升顾客的就餐体验。顾客可以通过手机或平板电脑进行点餐，系统不仅会根据顾客的选择自动下单，并将订单信息发送给厨房，还能够根据顾客的消费记录和偏好，推荐合适的菜品，提升顾客的满意度和忠诚度
3	智能库存管理系统	粤菜餐厅通常需要处理大量的食材和原料，智能库存管理系统能够帮助其实现食材的精准采购和库存管理。系统不仅会根据餐厅的销售数据和库存情况自动生成采购计划，避免食材的浪费和短缺，还能够对食材的保质期进行监控，确保食材的新鲜度和安全性

（2）数字化。

粤菜开发的数字化趋势体现在如表8-2所示的几个方面。

表8-2　粤菜开发的数字化趋势

序号	数字化技术	具体说明
1	大数据分析	大数据分析是粤菜开发数字化的重要手段之一。通过对顾客的消费记录、口味偏好等数据进行收集和分析，粤菜餐厅可以了解顾客的需求和偏好，从而调整菜品结构和营销策略。例如，粤菜餐厅可以根据大数据分析的结果，推出符合顾客口味的定制化菜品或套餐，提高顾客的满意度和回头率
2	数字化营销	数字化营销能够帮助粤菜餐厅扩大品牌影响力，吸引更多的顾客。餐厅不仅可以通过社交媒体、短视频平台等数字化渠道进行宣传和推广，展示菜品的特色和优势，还可以利用数字化营销手段进行会员管理和顾客关系维护，提高顾客的忠诚度和复购率
3	数字化供应链管理	数字化供应链管理能够优化粤菜餐厅的采购、库存、物流等环节，提高运营效率。通过数字化手段，粤菜餐厅可以实时掌握食材的供应情况和库存情况，避免供应链的断裂和食材的浪费。同时，数字化供应链管理还能够实现食材的来源追溯和质量控制，确保食材的安全性和品质

（3）智能化、数字化技术对粤菜开发的影响。

智能化、数字化技术对粤菜开发的影响如图8-6所示。

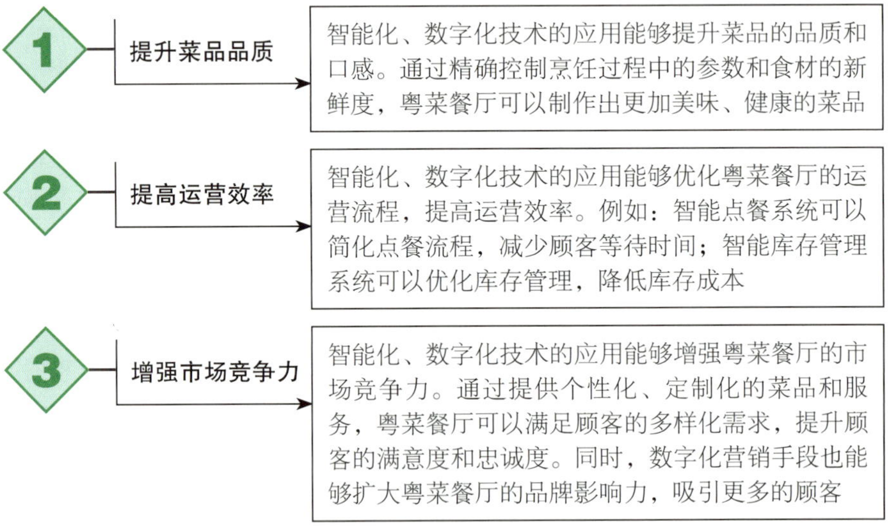

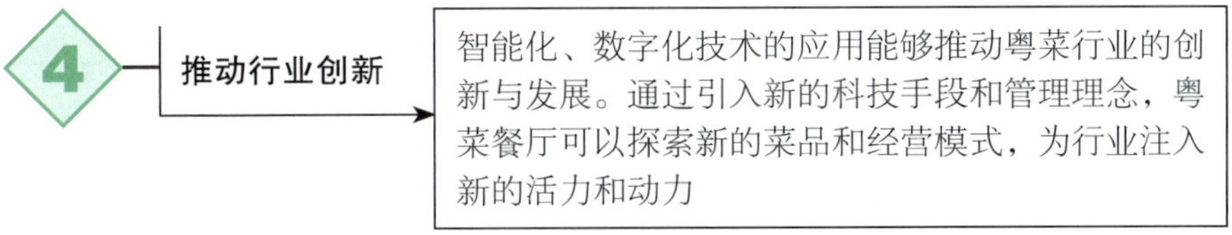

图8-6 智能化、数字化技术对粤菜开发的影响

3. 国际化

国际化趋势体现为将粤菜推向国际市场，与不同国家和地区的饮食文化相融合，创造出具有地方特色的粤菜菜品。

（1）推向国际市场。

粤菜作为中国传统菜系之一，具有深厚的文化底蕴和独特的风味特点。通过参加国际美食节、举办粤菜文化展览等方式，可以将粤菜推向国际市场，向海外消费者展示粤菜的魅力和特色。同时，也可以与海外餐厅合作，将粤菜引入当地市场，让海外消费者能够品尝到正宗的粤菜菜品。

（2）与不同国家和地区的饮食文化相融合。

在将粤菜推向国际市场的过程中，需注重与当地饮食文化融合。

比如，可以根据当地消费者的口味偏好和饮食习惯，对粤菜菜品进行调整和创新；也可以借鉴当地的烹饪技法和采用当地的食材，与粤菜相结合，创造出具有地方特色的粤菜菜品。

这种融合不仅能够满足当地消费者的需求，还能够为粤菜注入新的活力和创新元素，推动粤菜在国际市场上的发展。

4. 环保与可持续发展

随着全球对环境保护和可持续发展的日益重视，粤菜开发也必须将这两个议题纳入考虑范围。粤菜作为中国传统菜系之一，以其独特的烹饪技艺和丰富的菜品种类而广受欢迎。然而，在粤菜的开发和制作过程中，也面临着一些环境问题，如食材浪费、包装污染等。因此，将环保和可持续发展理念融入粤菜开发中，不仅有助于减轻对环境的负担，还能提升粤菜的品牌形象和市场竞争力。

（1）环保与可持续发展理念在粤菜开发中的具体应用。

环保与可持续发展理念在粤菜开发中的具体应用如表8-3所示。

表8-3 环保与可持续发展理念在粤菜开发中的具体应用

序号	应用方向	具体说明
1	减少食材浪费	（1）在粤菜开发中，可以通过优化菜品设计和烹饪流程，减少食材的浪费。例如，对于剩余的食材，可以将其用于制作其他菜品或汤料，实现食材的最大化利用。 （2）餐厅和预制菜生产商也可以使用食材库存管理系统，实时监控食材的使用情况，避免过度采购和浪费
2	使用可降解材料包装	预制菜作为粤菜开发的一个重要方向，其包装材料的选择也至关重要。传统的塑料包装虽然使用方便，但难以降解，会对环境造成污染。因此，粤菜预制菜应优先选用可降解材料包装，如纸质、玉米淀粉等生物降解材料，以减轻对环境的负担
3	推广绿色烹饪	绿色烹饪是指采用环保、健康的烹饪方式，如低温烹饪、蒸煮等，以减少油烟和废弃物的产生。在粤菜开发中，可以推广这种绿色烹饪方式，既保留菜品的原汁原味，又减少对环境的污染
4	循环利用水资源	粤菜烹饪过程中需要消耗大量的水资源，尤其是在清洗食材和烹饪环节 。为了实现可持续发展，粤菜餐厅和预制菜生产商可以安装水循环系统，将废水经过处理后再次用于清洗或灌溉等用途

（2）环保与可持续发展理念对粤菜开发的影响。

环保与可持续发展理念对粤菜开发的影响体现在如图8-7所示的几个方面。

提升品牌形象

将环保和可持续发展理念融入粤菜开发中，能够提升品牌形象，吸引更多注重环保的消费者。这些消费者往往更愿意为环保产品支付溢价，从而增加餐厅和预制菜生产商的收入

增强市场竞争力

随着消费者对环保和可持续发展的关注度不断提高，粤菜开发中注重环保和可持续发展的品牌将更具市场竞争力。这些品牌能够吸引更多消费者，并在市场中占据更大的份额

推动行业创新

环保与可持续发展的要求也推动了粤菜开发的创新。为了满足这些要求，餐厅和预制菜生产商需要不断探索新的烹饪技术、包装材料和管理方法，从而推动整个行业的创新与发展

图8-7 环保与可持续发展理念对粤菜开发的影响

五、粤菜预制菜的崛起

粤菜讲究刀工与火候，对技术要求极高。粤菜预制菜通过现代化食品加工技术，将这些技艺凝聚于产品中，既保留了传统风味，又满足了消费者对便捷食品的需求。这种创新模式成为推动粤菜文化传播的新途径。

1. 市场需求与消费趋势

近年来，粤菜预制菜在国内外市场上的表现可谓亮眼。随着消费者对方便快捷食品的需求不断增加，粤菜预制菜的销量稳步上升，尤其在一线和二线城市表现尤为突出。这不仅仅是因为粤菜在全国范围内的人气高，也因为其制作讲究、风味丰富的特点深受消费者喜爱。如今，预制菜市场迎来了爆发式增长，粤菜预制菜更是成为众多消费者的首选之一。

2. 创新与技术的推动

粤菜预制菜的成功离不开现代食品科技的加持。企业通过应用真空低温烹调技术、冷链运输技术和高效保鲜技术，确保了粤菜预制菜从生产到餐桌的风味不变。这些技术手段不仅延长了产品的保质期，还最大限度还原了新鲜烹饪的口感。此外，企业在粤菜预制菜的研发中融入创新元素，如结合健康食材，推出低脂低盐的营养配方，满足消费者注重健康的需求。

3. 市场表现与竞争优势

粤菜预制菜的市场竞争力来源于其对传统风味的还原和产品线的多样化。从经典的蒸鱼、蜜汁叉烧到创意十足的黑椒牛仔骨，粤菜预制菜涵盖了从传统到创新的多个品类，满足了不同层次消费者的需求。这使得粤菜预制菜在市场中保持领先地位，吸引了大量忠实的消费者。

出口市场同样值得关注。东南亚、北美和欧洲等地对粤菜预制菜的接受度逐渐提高，尤其在华人聚集地区，粤菜预制菜备受欢迎。凭借便捷性和风味独特性，粤菜预制菜在国际市场中赢得了稳定的消费群体。

4. 未来发展面临挑战

尽管粤菜预制菜在市场中表现突出，但其未来发展依然面临挑战，如产品创新的持续性、成本控制，以及市场竞争加剧等问题。为此，企业需要不断研发，推出符合时代需求的新产品，并强化品牌建设，提升市场影响力。

相关链接

粤菜预制菜背后的创新：让“懒人”也能享受大厨级美味

随着生活节奏的加快，越来越多的人选择便捷的预制菜作为日常餐饮的解决方案。然而，对于粤菜这种以精致、细腻和讲究烹饪技法为特点的传统美食来说，如何让“懒人”也能轻松享受大厨级美味呢？答案在于创新和科技的结合——通过现代化技术，粤菜的经典风味得以保留，且在保证口感的同时极大地提升了便捷性。

1. 精准还原传统味道，创新技术打破时间和空间的限制

粤菜注重食材的新鲜和烹饪技法的精细，传统的制作方式往往需要大厨在厨房中反复操作，耗时费力。而在现代预制菜的制作过程中，通过采用先进的冷链技术、真空包装、低温烹饪等方法，食材的原味和营养能够最大限度地保留。这些创新技术使得忙碌的消费者在家也能轻松享受到媲美餐厅大厨烹饪手艺的美味。

例如，粤菜中的经典菜肴——蜜汁叉烧，通过真空低温烹饪技术，确保了叉烧肉外焦里嫩，口感浓郁。而消费者通过简单加热便可享受色香味俱全的美食，省去了传统烹饪的烦琐步骤。

2. 保持原材料的新鲜与营养，工艺提升口感

传统粤菜强调食材的新鲜与健康，许多菜肴通过蒸、炖等方式，最大限度地保留食材的原味和营养。而粤菜预制菜通过冷冻和真空包装技术，确保食材在运输与保存过程中不丧失新鲜度。每一道粤菜预制菜都经过精心的配料与调味，使用的都是优质食材，经过厨师团队的精心烹饪。菜品在冷冻之后能够快速复原，确保每一口都鲜美可口。

3. 便捷性与高效性，懒人厨房的福音

对于“懒人”来说，粤菜预制菜最吸引人的就是其便捷性。在现代生活中，很多人因为工作忙碌、时间紧张，难以抽出时间做复杂的菜肴。粤菜预制菜只需简单加热或微波处理，便可呈现出色香味俱全的美食。这不仅减少了厨房操作的时间，也省去了食材准备和清洗的麻烦，极大地提升了生活品质。

比如，广式蒸排骨和清蒸石斑鱼等传统粤菜预制菜，通过精确的分装和调味，消费者只需根据包装指示加热即可。菜肴肉质鲜嫩，蒸汽锁住了食材的营养和味道，每一口都仿佛大厨亲自上阵烹制。

4. 丰富品类，满足多元化需求

随着预制菜市场的发展，越来越多的粤菜经典菜肴被推向市场，从叉烧包、肠粉到烧鹅、鸡煲等，各种菜品应有尽有。无论是单独食用还是搭配其他配菜，消费者都可以根据个人口味定制自己的餐盘。更重要的是，许多预制菜品可以根据不同的饮食需求进行调整，如低盐、低脂、无添加剂等，满足了更多注重健康饮食群体的需求。

5. 环保与可持续发展，餐饮业的新方向

粤菜预制菜的创新不仅在烹饪技术上有所突破，还在环保和可持续发展方面做出了积极尝试。许多粤菜预制菜品牌采用可回收包装材料，减少一次性塑料的使用。此外，粤菜预制菜通过科学的食材搭配和精细的工艺，减少了食材浪费，实现了更为环保的生产模式。这种转型不仅契合现代消费者对环保的关注，也推动了餐饮业朝着可持续的方向发展。

第九章　经典粤菜制作实践

粤菜取百家之长，用料广博，选料珍奇，配料精巧，善于在模仿中创新，依食客喜好而烹制。粤菜食味讲究清、鲜、嫩、滑、爽、香；调味遍及酸、甜、苦、辣、咸、鲜；注重养生功能，开发出多款独具特色的经典高档菜品。

一、经典广式烧腊制作

烧腊是烧味、卤味和腊味的统称，包括烧鹅、乳鸽、乳猪、叉烧以及一些卤味。广式烧腊味道鲜香、口感脆滑，加上造型及色调，更是诱人食欲。

1. 广式烧腊的分类

广式烧腊一般分为广式烧味、广式卤味、广式腊味三种。

（1）广式烧味。

广式烧味在以清淡见长的粤菜中独具特色，是广府人大小宴席上不可或缺的美味佳肴。广式烧味有喜庆吉祥的寓意，具有很高的实用价值、民俗价值和经济价值。

选料、清洗修整、配料、投料、腌制、烫皮、上皮水、凉坯、烤制、晾冷，这就是传统广式烧味制作的一般流程，其中最讲究的是烤制环节。窑内炭火烧得红亮，如何控制火候以保证每个部位均匀受热最是考验师傅的技艺。在烤制过程中，轻火轻油，两秒一翻，抹上稀蜜糖水，不久，红润光亮、皮脆肉酥的广式烧味就烧制成功了。

（2）广式卤味。

广式卤味的卤水是由北方卤水演变过来的。前人根据广东的气候、土壤等因素做了改良，减少了北方卤水中的大料，增加了罗汉果等广东人喜欢的香料。20世纪20—30年代，名菜桶子油鸡（以卤水做出的菜）最终成形。

广式卤味的卤水又分为精卤水、白卤水两类。白卤水与精卤水的最大区别就是白卤水不加生抽、糖等调味料，颜色较浅，强调的是香料和油脂混合形成的香味，其中的油脂香来自肉和骨头。

（3）广式腊味。

广式腊味因独具特色而名扬四海，其中最著名的是广式腊肠和广式腊肉，特点是口味偏咸带甜并有酒香。

2. 广式烧腊的制作要点

（1）选料。

要使广式烧腊色鲜、味美，除了要有精湛的烤制技术外，还要选用优质上乘的原料。

（2）常用的香料。

广式烧腊在制作过程中使用的香料种类比较多，主要有八角、红花椒、香叶、甘草、香茅、草果、陈皮、小茴香、丁香、白胡椒、白豆蔻、罗汉果、栀子、孜然、南姜、红曲、百里香、白芷、当归、砂仁、黑胡椒、干姜、沙姜、青花椒、桂皮、川芎、黄芪、党参、枸杞子、红枣等。

（3）常用的调味品。

广式烧腊的加工离不开糖、酒、盐、酱油等调味品。这些调味品不但起着发色、调味、防腐的作用，还能改善广式烧腊的感官性状并提高菜品的质量。广式烧腊常用的咸味调料主要有食盐、五香粉、孜然粉、沙姜粉，甜味调料主要有白砂糖、冰糖、红糖、麦芽糖、蜂蜜，酸味调料主要有白醋、大红浙醋、陈醋、甜醋、番茄酱，酱油类调料主要有生抽、老抽、蚝油、鱼露、黄豆酱、柱侯酱、沙茶酱、乳猪酱、白酱油、花生油、调和油、芝麻油，酒类调料主要有大曲酒、玫瑰露酒，味精调料主要有味精、鸡粉。

3. 广式烧腊制作实例

下面介绍几道经典广式烧腊的制作方法。

烧鹅

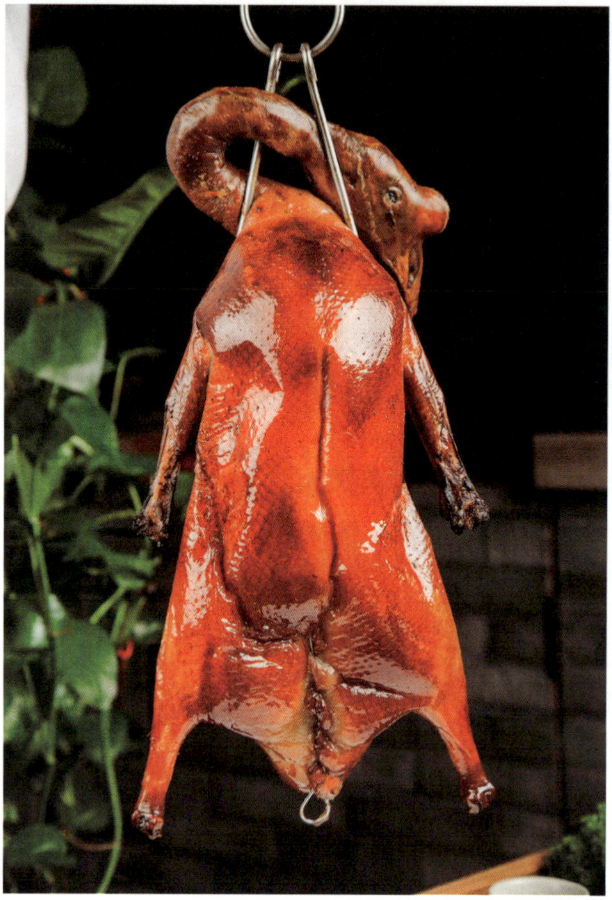

烹饪工艺

烤

小知识

烧鹅色泽金红，味美可口。烧鹅源于烤鸭。鹅以乌鬃鹅为优，去翅尖、鹅掌、内脏后的整鹅，吹气，涂五香料，缝肚，用滚水烫皮，过冷水，糖水匀皮，晾风后腌制，最后挂在烤炉里或置于明火上转动烤制而成。

风味特点：

皮脆肉嫩、香味浓郁、肥而不腻

原料

（1）仔鹅1只（约3500克）。

（2）调味汁（姜末10克、蒜蓉10克、葱末20克、盐15克、白砂糖20克、料酒30克、生抽10克、芝麻酱10克、鸡精10克、五香粉5克、陈皮粉2克加适量二汤调匀），脆皮水（将麦芽糖、白醋、大红浙醋、曲酒按4：5：1：3的比例调匀），酸梅酱（将冰糖20克、清水15克混合后熬成糖浆，再加入酸梅25克、罗望子7克、姜米3.5克、柠檬皮2克、盐1.5克混合均匀）。

制作

（1）仔鹅宰杀后洗净，从肛门处开口并掏出内脏，斩去鹅掌及翅尖，用清水将鹅的腹腔冲洗干净。

（2）将调味汁从肛门开口处灌入鹅的腹腔，再用烧鹅针将开口缝住，使调味汁不漏出。

（3）将鹅头部向上提，接着把气枪的气嘴从鹅颈杀口处伸入，再用左手将颈部和气嘴一起握住，然后右手按压气枪，将空气慢慢打入鹅体皮下脂肪与结缔组织之间，使鹅身胀满。

（4）取出气嘴，用手将鹅的颈部握住，随后把鹅放入沸水锅中烫约半分钟，用冷水浇淋鹅的表皮，使之降温变凉，然后把脆皮水均匀地刷在鹅的表皮上。完成后把鹅挂在阴凉通风处晾干表皮。

（5）将晾干表皮的鹅挂入烤炉中，用中火慢烤，烤至鹅肉熟透时改用大火将鹅的表皮烤至酥脆。烤好后取出，倒出鹅腹腔内的调味汁，将鹅斩块装盘，配以酸梅酱味碟上桌，蘸食即可。

小提示

（1）刷脆皮水时要刷均匀，否则鹅烤出来后表皮色泽会不一致。

（2）如果在烤的过程中刷上几遍香油，鹅的表皮会更加光滑油亮。

创新建议

（1）传统的烧鹅多采用挂炉和炭火烤制。可以尝试使用现代烹饪设备，如电烤箱、空气炸锅等，以探索不同的烹饪方式和火候控制。

（2）可以尝试通过调整烹饪时间和温度等参数，来探索不同的口感体验。例如：可以采用低温慢烤的方式，使鹅肉更加鲜嫩多汁；或者采用高温快烤的方式，使鹅皮更加酥脆可口。

蜜汁叉烧

烹饪工艺

烤

小知识

蜜汁叉烧是广东地区的一道传统名菜。因需把腌制好的猪肉条插在特制的叉子上进行烤制，所以叫“叉烧”；而“叉烧”在烧熟后为了增加色泽会在外面裹一层糖浆，由于在粤语中“麦”字和“蜜”字是同音，广东人就习惯性地把“麦汁”叫成“蜜汁”，所以就把这道菜叫“蜜汁叉烧”。

风味特点：
软嫩多汁、甜中带咸、外焦里嫩

原料

（1）猪肉约2500克。

（2）腌料1份（盐75克、白砂糖400克、生抽190克、柱侯酱30克、芝麻酱40克、花生酱40克、鸡粉10克、蒜蓉10克调制而成），糖胶300克。

制作

（1）将猪肉切成长约25厘米、宽约4厘米、厚约2厘米的肉条。

（2）将肉条洗净，沥干水分，放入盆中，加入腌料腌制1小时左右。腌制过程中可每隔15分钟翻搅一下，使肉更入味。

（3）将腌好的肉条平铺在烤架上，放进预热至180摄氏度的烤箱烤25分钟。

（4）取出肉条，稍冷却后，给肉条均匀地抹上糖胶，继续烤15分钟左右，烤到肉条流出清澈的油水为止。

（5）将烤好的肉条取出，切块装盘，淋上蜜汁即可食用。

小提示

（1）用料宜选梅花肉、猪颈肉。

（2）在烤制过程中，可以适时取出肉块翻面，以确保两面都均匀受热。

创新建议

（1）可以尝试使用其他肉类，如鸡肉、牛肉甚至羊肉来制作叉烧，以探索不同的口感和风味。

（2）蜜汁叉烧的脆皮是其重要特点之一。可以尝试使用不同的脆皮技术，如喷淋式脆皮处理、刷油烤制等，以制作出更加酥脆的叉烧皮。

脆皮烧肉

烹饪工艺

烤

小知识

脆皮烧肉是经典的广式烧腊之一。脆皮烧肉在粤菜文化中占有重要地位，尤其在香港和澳门地区广受欢迎，在节日和家庭聚会中常作为一道重要的菜肴，象征着团圆和幸福。

风味特点：

外皮香脆、肉质松软、味道甜香

原料

（1）带皮五花肉1块（约500克）。

（2）姜，葱，调料（盐100克、白砂糖50克、五香粉25克、沙姜粉15克、芝麻酱10克、花生酱15克、鸡粉3克、蒜蓉3克混合而成），脆皮水（麦芽糖15克、白醋100克、大红浙醋70克、曲酒15克混合而成），食用油。

制作

（1）将五花肉洗净，然后凉水下锅，放入葱姜，慢慢煮至肉变色，用筷子扎一下没有血水溢出即可。

（2）肉煮好后立即捞出过凉水，晾干水分，在瘦肉一边切几刀以便入味均匀。

（3）用竹签在肉皮上扎一些小洞，扎得越细密越好，然后用刀将肉皮上的白膜和杂质刮干净。

（4）用竹签将肉交叉串起来，在肉皮上均匀地刷上脆皮水，然后将调料均匀地涂在肉面上。

（5）用锡纸将肉的四周包裹严密，只留肉皮露在外面。

（6）烤箱预热到250摄氏度以上，放入五花肉。这个温度烘烤约30分钟，或者直到肉皮表面变黄起焦后取出，用刀将肉皮表面的黑色焦化物刮干净。

（7）在刮净的肉皮表面涂上一层食用油后放入烤箱，用200摄氏度的火力烘烤约10分钟，直到肉皮表面往外滋油即可取出。

（8）待烧肉微微冷却后切片即可食用。外皮可以搭配白砂糖食用，瘦肉可以蘸酱油食用。

小提示

（1）选料一定要选用三层五花猪腩肉，且表皮要完整洁净。

（2）烤制过程中要注意温度的控制，过高或过低的温度都会影响成品的口感。温度过高会导致肉质变老变柴，温度过低则会使皮不脆。

创新建议

（1）可以尝试将不同的食材和调料融入脆皮烧肉的制作中，如加入蜂蜜、柠檬汁等，使烧肉的风味更加丰富。

（2）可以尝试将脆皮烧肉与其他食材搭配，如搭配蔬菜沙拉、烤土豆等，创造出全新的菜品。

红烧乳鸽

烹饪工艺
炸

小知识

红烧乳鸽是一道经典的粤菜，主要材料是乳鸽，烹饪过程中通常先经过卤煮再油炸。独特的制作工艺使得乳鸽的外皮酥脆，内里肉质滑嫩，口感丰富，深受食客们的喜爱。

风味特点：
皮脆肉滑、骨嫩多汁、香气扑鼻

原料

（1）乳鸽1只（约350克）。

（2）卤水（汤锅中先加入用猪大骨1500克、火腿骨250克、鸡架骨2500克、清水7500克熬成的汤汁，再加入大地鱼400克、瑶柱30克、虾米180克、沙姜50克、桂皮30克、甘草20克、丁香5克、花椒10克、八角15克、香叶20克、香茅30克、陈皮8克，慢火熬30分钟后，再加入味精100克、鸡粉150克、干贝素8克、冰糖10克、盐230克调味即可），脆皮水（将麦芽糖、白醋、大红浙醋、曲酒按4∶5∶1∶3的比例调匀），食用油。

制作

（1）将乳鸽除毛、去内脏后洗净。

（2）待提前制作好的卤水烧开后，把乳鸽浸入锅中30分钟。浸熟后取出，用热水冲洗掉乳鸽身上的油脂。

（3）沥干乳鸽身上的水分后，用刷子在乳鸽全身刷上脆皮水，然后放在通风的地方晾干。晾干后再刷一层脆皮水，继续晾干，重复3～4次。晾干过程最好有3小时左右。

（4）锅里烧热油，用汤勺舀油淋到乳鸽上，直到乳鸽变成金黄色。

（5）将炸好后的乳鸽整只上盘。

小提示

（1）鸽子最好选用个头在400克以下的。过大的鸽子往往肉厚而无脂肪，难以入味，不建议选用。

（2）在捞鸽子的过程中要小心，避免弄破鸽子皮。

创新建议

（1）可以尝试使用不同的卤水配方，如加入水果汁（如苹果汁、橙汁）或蜂蜜等，以增添乳鸽的甜度和果香。同时，也可以尝试调整卤制的时间和温度，以达到最佳的口感效果。

（2）可以尝试将红烧乳鸽切成小块，与色彩鲜艳的蔬菜一起拼盘；或者将乳鸽整只摆放，周围点缀小巧精致的装饰物，如香菜叶、樱桃番茄等。

二、经典潮式卤味制作

卤味是潮汕地区常见的美食。先用各种香料熬制成卤水，然后将食材投入其中，加热卤制，便制成了幽香甘醇、香浓可口的卤味。

1. 潮汕人的卤味文化

潮州菜，这一美食瑰宝，已历经数千载岁月洗礼。其中，卤味更是潮汕风味中不可或缺的一道“开场佳肴”，享誉中外。无论历史如何变迁，卤味始终深深植根于潮汕人的日常生活之中。

在当地，无论是盛大的游神赛会、庄严的祭祖拜神仪式，还是热闹非凡的节日庆典、庄重的红白喜事，乃至寻常百姓家的日常饮食、宾朋满座的宴席，卤味都是不可或缺的美味。

随着时光的流转，一代又一代的潮汕人不断传承与创新，卤制技艺愈发精湛，成为烹制鹅、鸭、猪脚、猪肉等食材时极为常见的烹饪手法。而这份独特的卤味文化，也被勇于闯荡的潮汕人带到了祖国的四面八方，乃至世界的各个角落。如今，潮式卤味已然成为潮州菜中极具代表性的菜品之一。

2. 潮式卤水的调制

卤水的好坏决定卤味的美味程度。在有经验的大师傅看来，即便许多潮汕人都会做卤水，但也常常是有色无味或有味无色。做卤水不难，但要做好却很难，其讲究程度堪比养一缸金鱼，既讲究科学方法，又强调个人感觉。

制作潮式卤水常用的配料有老抽、生抽、料酒、鱼露、白砂糖、红豉油、八角、桂皮、陈皮、罗汉果、肉豆蔻、川椒、小茴香、砂仁、香叶、丁香、草果、山柰、甘草、蛤蚧、香茅、蒜头、葱头、鲜香菜头或干香菜籽等，其中陈皮、罗汉果、桂皮、草果、肉豆蔻、甘草是必不可少的，它们是潮式卤水中甘味的重要来源。以上提到的香料，每一种都是要单独炒制的，而且必须是小火慢炒，直到它们各自的香气完全散出，才能合在一起煲卤水。

香料配好后，还需用老母鸡、棒子骨、排骨、酱油、带壳桂圆、肥猪肉、蒜苗等食材熬煮卤汤。潮式卤水求的是浓香，因此通常会用肥肉来煲汤底，使汤味浓且口感滑溜。

总的来说，潮式卤水口味重、香料多，鲜香逼人、味道浓烈。

潮式卤水调制时要先起卤。起卤一般分为调色、调香、调味三步。调色主要用酱油中的老抽。调香就是将香料放入卤汤里熬制，使香料的香味进入汤里。卤制出成品后，要重新给卤水调味，以增香和味。调味品主要有老抽、生抽、鱼露、盐和冰糖：老抽加色，生抽增香，鱼露提鲜，盐增咸，冰糖增甜。

下面简要介绍潮式卤水的制作方法：

（1）取7500克五花肉，刮净表皮上的毛，在肉面上划刀，焯出血水后洗净。

（2）取7500克肥猪肉，洗净后切块炼出猪油。将2000克干葱头洗净剥去外膜，剁碎后用猪油浸炸成干葱油，分离油、渣。

（3）制作香料包。将680克八角、680克桂皮、68克香叶、68克甘草分别用干净的铁锅小火煸炒至香味溢出，然后放入干净的器皿中，加入热油浸泡12小时，沥出油后用纱布包紧。

（4）制作植物包。将5000克带皮蒜头、6000克南姜、500克红辣椒洗净，南姜切成片，连同干葱渣一起用纱布包紧。

（5）取大汤锅加入50000克清水及上述原料，旺火烧开后转小火熬制1小时，然后加入香料油、干葱油及5750克生抽、2750克老抽、500克冰糖、275克盐、275克鱼露，中火慢慢熬制6小时。

（6）取出香料包及植物包（可用3次），捞出五花肉，过滤掉汤锅中的杂质即可。

3. 潮式卤水的保存

卤水使用次数越多、存放时间越长，则香味越浓、纯度越高，因此卤水应重复使用。每次卤制完食品后，都要将香料包及植物包捞起，清除卤水中的泡沫和杂质并再次烧沸，不能有水分掺入，不然会变质。如果卤水在1—3天内不使用，可以将其放入冰箱冷藏室保存；如果卤水需要保存4—7天或更长时间，可以将其放入冰箱冷冻室保存。

4. 潮式卤味制作实例

下面介绍几道经典潮式卤味的制作方法。

卤鹅

烹饪工艺

卤

小知识

卤鹅是广东潮汕地区的特色美食，属于潮州菜。该菜品选用潮汕著名的良种鹅——狮头鹅作为主料，搭配多种调料卤制而成。吃卤鹅是潮州人的传统习俗，逢年过节祭祀、宴饮或是日常生活，餐桌上总有卤鹅。

风味特点：

味甘香软、浓而不咸、鲜而不腥

原料

（1）狮头鹅1只（约6000克）、肥猪肉250克。

（2）酱油750克、盐100克、冰糖50克、白酒50克、味精15克、川椒粒10克、桂皮10克、丁香5克、南姜150克、香菜头50克、香茅50克、八角10克、甘草10克、蒜头50克、香菜20克、蒜泥醋2碟。

制作

（1）将宰杀好的鹅去毛洗净，开腹取出内脏，洗净晾干。将盐抹在鹅身内外，并用竹筷撑起腹腔。

（2）将川椒粒下炒锅炒香后盛起，与南姜、八角、桂皮、甘草、丁香同放在纱布中，包扎成香料包。

（3）汤锅加入卤水，放入香料包、酱油、冰糖、南姜（少量）、香茅、白酒、切成块的肥猪肉，再加入清水，用中火烧沸；将蒜头、香菜头、余下的南姜放入鹅腹内（卤熟后拿掉），再把鹅放入卤水里卤约1小时30分钟（中间要将卤鹅吊起离汤后再放下，反复4次），注意要把鹅身翻转数次，使其入味，然后捞起放凉备用。

（4）把熟卤鹅放在砧板上切成厚片，淋上卤汁（加入味精）。上桌时撒上一小撮香菜，配上蒜泥醋即可。

小提示

（1）制作卤水用的姜，最好选用南姜。因其不仅有强烈的姜味，还具有肉桂、丁香和胡椒的香味特征，常被认为是潮式卤味的独门配料。

（2）在卤制鹅的过程中，要“吊汤”4次，并数次翻转鹅身，使其入味。

创新建议

（1）在传统的卤料配方基础上，可以尝试添加一些特色调料和香料，如柠檬皮、橙皮、迷迭香等，以增加卤鹅的香气和层次感。

（2）可以尝试将潮式卤鹅与其他菜系的元素相结合，创造出全新的风味。例如：融入川菜的麻辣元素，制作出麻辣味的潮式卤鹅；或者借鉴粤菜的清淡风格，减少油脂的使用，突出鹅肉的原汁原味。

隆江猪脚

烹饪工艺

卤

小知识

隆江猪脚是广东潮汕地区的特色美食，因其起源于隆江镇而得名。隆江猪脚以猪脚为原材料，通过烧毛、擦洗、卤制等系列工艺制作而成。如今，“隆江猪脚饭”的店面遍地开花，享誉全国。

风味特点：

弹嫩糯香、肥而不腻、入口香爽

原料

（1）猪脚1只（约1500克）。

（2）香菜头15克、南姜25克、蒜头15克、葱15克、红辣椒10克、八角4克、桂皮4克、川椒粒4克、甘草6克、香叶4克、焦糖浆5克、香菜20克、蒜泥醋2碟、酱油400克、冰糖20克。

制作

（1）将猪脚洗净后去毛，焯水捞起备用。

（2）将川椒粒下炒锅炒香后盛起，与八角、桂皮、甘草、香叶同放在纱布中，包扎成香料包。

（3）汤锅加入卤水，放入香料包、葱、红辣椒、酱油、焦糖浆、南姜、蒜头、香菜头、冰糖，再加入清水，用大火烧沸后放入猪脚，改小火卤约90分钟，直至猪脚软烂并入味。

（4）捞起卤好的猪脚放在砧板上，斩块后装盘，淋上卤汁。上桌时撒上一小撮香菜，配上蒜泥醋即可。

小提示

（1）尽可能选用猪前脚。猪前脚的骨头要比猪后脚的骨头小，用来做卤猪脚最合适，吃起来味道更香而且更有嚼劲。

（2）将猪脚表皮的污垢清理干净。另外，猪脚含有较多胶质，可根据需要适当延长卤制的时间。

创新建议

（1）可以尝试调整卤制的温度和时间，找到最佳的卤制方案。可以使用现代化的烹饪设备，如智能卤制机，提高卤制的效率和效果。

（2）卤水是隆江猪脚的关键所在。可以尝试使用不同的调味料和香料，或者加入一些特殊的食材，如蜂蜜、麦芽糖等，创造出独特的卤水风味。

三、经典汤品制作

广东人喝汤的历史由来已久，这与广东湿热的气候密切相关。煲汤是广东人生活中必不可少的一部分，广式汤品也与广东凉茶一道成了广东饮食文化的标志。

1. 汤品的分类

在传统粤菜里，汤品有滚汤、煲汤、炖汤之分。

（1）滚汤

滚汤分为汤色奶白的煎滚汤和汤色清淡的清滚汤。鱼头香菜豆腐汤属煎滚汤，事先须煎香鱼头，放料酒，加开水煮才有奶白汤色；不煎、无酒、不煮透就达不到“汤奶、鱼香”的水准。而清滚汤则是先用油水煮时蔬，汤滚后加入肉类，调味即可。滚汤耗时短，急火猛攻，使汤料在清水里滚出滋味。因此，河鲜、海鲜多用滚汤，以保持其肉质的鲜嫩和本身的鲜味。

（2）煲汤

煲汤比滚汤花的时间长，故有“老火汤”之说。广东人喝老火汤的历史由来已久。据史书记载，“岭南之地，暑湿所居，粤人笃信汤有清热去火之效，故饮食中不可无汤”。在广东的家庭饮食安排中，经常会将喝老火汤作为餐前序幕。而且，每当季节气候出现变化，汤的种类也会随之改变。长年以来，煲老火汤就成了广东人生活中必不可少的一个部分。俗语说：“宁可食无菜，不可食无汤。”

广东人煲汤不同于其他地方，首先是炊具，用的是厚厚的砂锅，汤则慢慢煲，煮滚后还要小火煲三四小时，这样才能原汁原味；其次是配料，既要取药之效，又要取入口之甘甜。

（3）炖汤

炖汤靠的是水体或水汽传热，汤料、清水直接受热而翻滚，“浴火而成”。用一种食材清炖或配以药材同炖，汤水清澈而味道香醇，如淮杞炖乌鸡、清炖瘦肉汁等。秋冬时节，广东人讲求“补而不燥”“润而不腻”，多采用雪梨、苹果、木瓜、南北杏、无花果、龙眼干肉作为汤料。

2. 汤品的制作要点

一般来说，制作广式汤品要把握住如图9-1所示的七大要点。

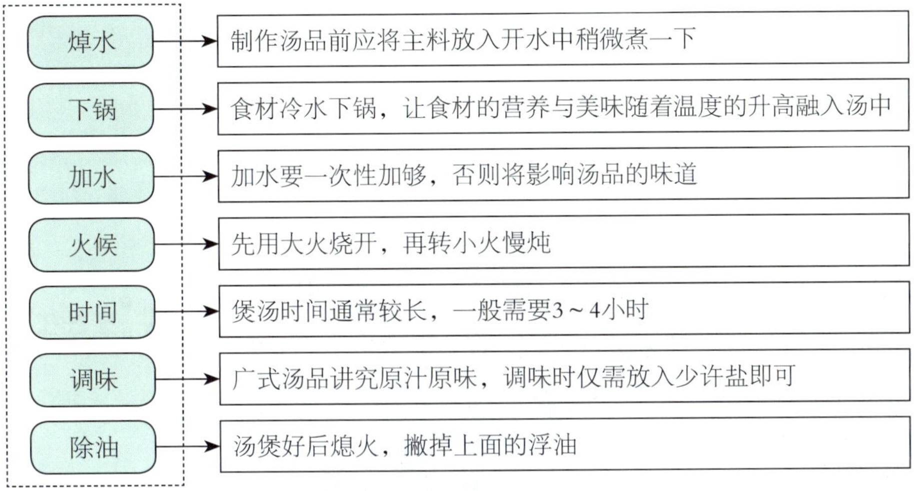

图9-1　广式汤品的制作要点

3. 汤品的制作技巧

汤要好喝，首先，食材一定要新鲜，煲汤之前要先将食材焯水；其次，煲汤时间要长，中途不可以加水，慢慢熬才能熬出老火靓汤。煲汤的一些诀窍如下：

（1）煲汤时，火不要过大。火候以刚好能使汤保持沸腾为准，汤汁大滚大沸容易破坏肉中的蛋白质分子。水开后小火慢炖，一般情况下需要3小时左右。

（2）中途不能打开锅盖也不能加水。因为正在加热的肉类遇冷会收缩，导致蛋白质不易溶解，汤便失去了原有的鲜香味，从而影响汤的口感。

（3）煲汤时忌过多地放入葱、姜、料酒等调料，以免抢了汤料本身的味道。也忌过早放盐，因为过早放盐会使肉中的蛋白质凝固，不易溶解，汤色也会发暗，浓度不够，外观不美。

（4）煲汤器具以质地细腻的砂锅为佳。

（5）加热时间过长会破坏汤中的营养物质，所以煲汤的时间并非越长越好。

（6）在冷水时下料比较好，因为热水会使蛋白质迅速凝固，不易释出鲜味。

（7）用鸡、鸭、排骨等肉类煲汤时，先将肉在开水中焯一下，不仅可以去除血水，还可以去除一部分脂肪，避免汤水过于油腻。

4. 经典汤品制作实例

下面介绍几道经典汤品的制作方法。

椰皇竹笙炖鸡汤

烹饪工艺

炖

风味特点：

味道清甜、椰香浓郁、润燥

小知识

竹笙又称竹荪，是稀有的优质食用菌，质柔软、味清香，自古就被列为八大山珍之一，为席上珍品。椰皇竹笙炖鸡汤有滋补身体、提高免疫力的功效。

原料

（1）土鸡半只。

（2）竹笙10克、椰皇150～200克、海底椰10克、姜2片、盐适量。

制作

（1）将土鸡洗净、剁块。椰皇顶端开口。

（2）鸡肉温水下锅，然后汆水10分钟左右。在汆水的过程中要适当地翻动鸡肉。

（3）鸡肉汆水之后，马上用凉水冲一下，再放入椰皇中。

（4）椰皇中加入清水、海底椰、姜片，先放入蒸柜隔水蒸炖约2小时，再取出加入竹笙继续蒸炖10分钟左右。

（5）加盐调味即可上桌。

小提示

（1）竹笙不适合长时间炖煮，过长时间的炖煮会使其营养物质大大减少。在汤品快要炖制好时再加入竹笙，煮10分钟左右即可。

（2）鸡汤炖好后，会有许多油脂，可以等鸡汤冷却之后用勺子撇去表层的油脂，再把汤加热。

创新建议

（1）可以尝试添加一些具有广东特色的配料，如无花果等，以增强汤品的滋补效果。

（2）也可以尝试加入一些热带水果的果肉或果汁，如芒果、菠萝等，为汤品增添独特的果香和口感。

客家炖土猪汤

烹饪工艺

炖

小知识

客家炖土猪汤以土猪肉为原料，汤水甜香，极大地保留了食材的原味和鲜味，很有客家菜突出主料的特点。虽然此汤食材简单、做法简单，但营养价值非常高，能够补阴虚、增强抵抗力。

风味特点：
肉香浓郁、原汁原味、清甜美味、汤色清亮

原料

（1）土猪肉400克、龙骨100克、猪杂100克。

（2）葱花、盐、鸡精、胡椒粉、白砂糖适量。

制作

（1）将土猪肉、龙骨、猪杂洗干净，斩成大块，沥干水分备用。

（2）将土猪肉、龙骨与猪杂放入汤碗中，加入适量的盐、鸡精、胡椒粉、白砂糖，拌匀腌制半小时，使其入味。

（3）汤碗内加入清水，大约高出食材2个手指节即可，然后在汤碗上面盖一层锡纸。

（4）将汤碗放入蒸锅，大火隔水炖1.5小时。上桌时撒上葱花即可。

小提示

（1）猪杂要清洗干净，猪肉要选用土猪肉，炖出来的汤才能清甜味香。

（2）蒸汤的时候在汤碗上面盖一层锡纸，以防止水蒸气倒流。

创新建议

（1）可以尝试使用不同部位的猪肉，如前腿肉、肩胛肉等，以探索最佳的口感和风味。

（2）也可以尝试加入一些海鲜元素，如瑶柱、干贝等，为汤品增添海鲜的鲜美。

西洋菜煲生鱼汤

烹饪工艺
煲

小知识

广东地处亚热带地区，气候炎热潮湿。在这种气候条件下，人们容易感到疲惫和不适。西洋菜煲生鱼汤具有清热解暑、润肺止咳的功效，可以帮助人们缓解身体的不适感。因此在广东的家庭和餐馆中，此汤是一道常见的菜品。

风味特点：
味道鲜香、汤汁浓郁、香醇可口

原料

（1）生鱼1条（约1000克）、西洋菜150克。

（2）盐10克，陈皮3克，姜汁酒（将生姜制蓉装入白纱布袋内，扎紧袋口，放在碗中，倒入米酒浸泡，再将汁挤出）6克，食用油适量。

制作

（1）将生鱼宰杀后去鳞、去内脏，洗净，切块备用。

（2）将西洋菜洗净。

（3）炒锅烧热下油，油五成热时下生鱼块，煎至两面呈金黄色后加姜汁酒。

（4）汤锅中加入适量清水、煎好的生鱼块、陈皮，大火烧开后转小火煲2小时，再加入西洋菜与盐，小火煲15～20分钟即可。

小提示

（1）生鱼可用盐搓洗，以去除鱼身体表面的黏液。

（2）西洋菜在使用前先洗净浸泡15分钟。

（3）想喝原味鱼汤的话，可先盛出部分鱼汤后再放西洋菜，喝时可用白胡椒调味。

创新建议

（1）在传统西洋菜煲生鱼汤的基础上，可以加入一些具有特殊风味和滋补功效的配料，如蜜枣、无花果等，以增强汤品的滋补效果和口感层次。

（2）可以尝试调整炖煮的温度和时间，找到最佳的口感和营养保留方案。可以先用武火将水烧开，再转文火慢炖，以确保汤品的鲜美和营养。

生熟地煲龙骨汤

烹饪工艺

煲

小知识

生地和熟地是常见的食材。生地性寒，有清凉滋阴的功效；熟地性微温，有补血养肝的功效。生地和熟地这两种食材在烹饪中经常一起使用，煲出的汤清热解毒，非常适合皮肤粗糙、体质燥热的人群食用。

风味特点：
甘甜清香、汤色清澈、肉质鲜嫩、味道鲜美

原料

（1）龙骨500克。

（2）生地40克、熟地30克、姜片少许、盐适量。

制作

（1）将洗净的龙骨氽水后捞起备用。

（2）把生地、熟地、姜片放进汤锅里，加清水烧开后转小火煲40分钟。

（3）将龙骨放入煲了40分钟的生熟地汤里，大火烧开后转小火煲1小时左右。

（4）煲好的汤加盐调味即可上桌。

小提示

（1）生地、熟地的量不要过多，否则汤会比较苦涩。

（2）加入龙骨后炖的时间可视骨头大小而定，大块骨头可适当炖久一点。

创新建议

（1）可以尝试在传统生熟地煲龙骨汤的基础上，加入一些具有特殊风味和滋补功效的配料，如枸杞、红枣、淮山、莲子等，以增强汤品的口感和营养价值。

（2）可以尝试加入一些果味元素，如柠檬片、橙子皮等，为汤品增添清新的果香。但需注意果味与药材的搭配是否和谐。

四、经典广府菜制作

自古以来，广府菜一直坚持“以我为主，博采众长，融合提炼，自成一家”的原则，至今仍然在不断发展、创新。

1. 广府菜的制作要点

（1）选料广泛，用料鲜活。

广府菜的选料范围极为广泛，几乎涵盖了所有可食用的食材。这得益于其悠久的烹饪历史和丰富的食材资源。在广府菜的烹饪中，无论是水中的海鲜、河鲜，还是陆上的家禽、野味，抑或是空中的飞禽，都可以成为其烹饪的原料。此外，广府菜还善于利用各种野菜、鲜花、昆虫等特色食材，使得其菜品风味更加独特。

广府菜在选料广泛的基础上，还特别注重食材的鲜活程度。在广府菜的烹饪中，几乎所有的食材都要求是鲜活的。这是因为鲜活的食材不仅口感更佳，而且营养价值也更高。

比如，在烹制海鲜类菜品时，广府菜通常会选择刚刚捕捞上来的新鲜海鲜，以确保菜品的口感和营养价值；在烹制家禽和野味类菜品时，广府菜要求食材必须是现宰现烹的，以保证其鲜嫩程度。此外，在烹制蔬菜类菜品时，广府菜也要求蔬菜必须是新鲜嫩绿的，以确保其口感和营养价值。

（2）口味清淡，注重汤水。

广府菜的口味清淡主要体现在少油、少盐、少辣，追求食材的原汁原味。这种烹饪理念与岭南地区的气候条件紧密相关。广东地处亚热带，气候炎热潮湿。长期生活在这样的环境中，人们自然倾向于选择清淡的食物来避免体内湿热积聚，保持身体健康。因此，广府菜在烹饪时尽量减少油脂和调料的使用，通过蒸、煮、炖、焖等烹饪技法，最大限度地保留食材本身的鲜美和营养。

比如，白灼虾、清蒸海鲜等富有地方风味的广府名菜，其制作都是把食材蒸熟或煮熟即可，食用时配以熟油、姜、葱等，原汁原味，清鲜可口。

在广府菜的饮食文化中，汤水占据了极其重要的地位。广东人素有“无汤不成宴”的说法，无论是家常便饭还是正式宴席，一碗精心熬制的老火靓汤总是不可或缺。广府菜中的汤品种类繁多，既有以肉类、海鲜为主料熬制的高汤，也有以药材、植物为配料的滋补汤，每一种汤都有其独特的功效和风味。

此外，广府菜中的汤水还承载着深厚的文化内涵。许多汤品都融入了中医养生的理念，通过食材的搭配和烹饪技巧的运用，达到食疗的效果，体现了中国人“药食同源”的智慧。

（3）制作精良，讲究艺术。

广府菜的制作精良体现在对每一个细节的极致追求上。从食材的挑选到烹饪技法的运用，再到火候的精准控制，无不透露出厨师们的匠心独运。刀工是广府菜制作中的重要一环。厨师们通过精湛的刀法，将食材切割成形态各异、大小均匀的片、丝、丁、条等，为后续的烹饪打下坚实基础。火候的掌握更是考验厨师技艺的关键。不同的菜肴需要不同的火候来烹调，以确保食材的口感与营养得到最大限度的保留和发挥。

广府菜不仅注重菜肴的味道，还讲究艺术美感。在拼盘设计上，广府菜的厨师们常常将食材的色彩、形状、纹理等元素巧妙结合，创造出令人赏心悦目的视觉效果。无论是精致的凉菜拼盘，还是丰盛的宴席菜肴，都能让人在品尝之前先享受一场视觉盛宴。

此外，广府菜的菜名也充满了艺术气息。许多菜名不仅描述了菜肴的主要食材和口味特点，还蕴含着丰富的文化内涵和寓意。这些富有诗意的菜名，不仅增加了菜肴的吸引力，也让人们在品尝美食的同时，感受到中华文化的博大精深。

比如东江盐焗鸡，这道菜名中的“东江”二字，指出了菜肴的地域特色，即来源于广东东江地区；而“盐焗”则是一种独特的烹饪方法，即用盐包裹食材进行烤制，使食材保持原汁原味且口感鲜嫩。整道菜名既突出了菜肴的主要食材和烹饪方法，又体现了广府菜对食材本味的追求和对烹饪技艺的精湛掌握。

（4）技法多样，推陈出新。

烹调技艺是菜肴制作的关键。广府菜博采中外烹饪技艺之长，融汇成多样而完善的烹调方法。广府菜的制作运用了多种烹调方法，有煎、炒、炸、蒸、炖、焗、烩，还有熬、煲、扣、扒、焗、㸆、焖、浸、灼、滚、烧、卤、汆、泡等，同一种烹调方法又因用料、刀工、口味、菜式的不同而演化出不同的做法，如煎便有干煎、湿煎、蛋煎、软煎、煎封、煎酿和半煎炸等七种煎法。

烹调方法的多样和完善使广府菜的菜式丰富多彩，广府菜也因此成为岭南饮食文化中的一朵奇葩。

2. 广府菜制作实例

下面介绍几道经典广府菜的制作方法。

腰果炒鸡丁

烹饪工艺

炒

小知识

腰果炒鸡丁是一道美味可口的传统广府菜。多种食材的搭配使得这道菜色彩缤纷，不仅满足了味蕾的需求，还带来了视觉上的享受。

风味特点：

鸡丁滑嫩、腰果酥香、口味咸鲜

原料

（1）鸡肉250克。

（2）西芹250克，胡萝卜10克，青椒半个，红椒半个，腰果50克，蒜片、姜片、葱榄少许，玉米淀粉2茶匙，水1/4杯，盐、白砂糖、白胡椒粉、料酒、食用油适量。

制作

（1）将青椒、红椒、西芹、胡萝卜洗净后切成丁，焯水后备用。腰果炸透备用。

（2）将鸡肉切丁放入碗中，加少许盐、白胡椒粉、料酒拌匀入味。

（3）碗中加入玉米淀粉、白砂糖和水调成料汁。

（4）锅热后加入底油，将腌制好的鸡丁倒入锅中，拉油翻炒至七成熟即可盛出备用。

（5）锅中再次倒入底油，放入姜片、葱榄、蒜片，翻炒出香气后放入除腰果外的其他配料，倒入调制好的料汁，翻炒均匀，让鸡肉充分裹上料汁。

（6）倒入腰果翻炒片刻即可出锅装盘。

小提示

（1）腰果需提前炸好放凉备用。一定要最后放入腰果，才能保持其干香爽脆的口感。

（2）应提前把鸡丁腌制上浆，这样做出来的鸡肉口感会更加滑嫩。

创新建议

（1）可以尝试添加一些具有独特口感和风味的食材，如松子、夏威夷果等坚果类食材，或者加入一些鲜美的海鲜，如虾仁、扇贝等，以丰富菜品的口感和营养价值。

（2）可以尝试使用不同口味的调味酱料，如蒜蓉辣椒酱、甜面酱、照烧酱等，为菜肴增添独特的口味和风味。

西蓝花炒墨鱼

烹饪工艺

炒

小知识

墨鱼又称花枝。绿色的西蓝花和新鲜的墨鱼炒在一起，颜色漂亮，味道清淡鲜美。此菜具有促进食欲、滋补气血、健脾利水、健脑壮骨、益气养胃的功效。

风味特点：

营养丰富、鲜香可口

原料

（1）墨鱼370克。

（2）西蓝花140克，韭黄50克，胡萝卜片、蒜蓉少许，料酒、生抽、盐、味精、淀粉水、花生油适量。

制作

（1）将新鲜的墨鱼去骨、去内脏，剥去表面的黑色外膜，洗净。墨鱼头剁去。

（2）在墨鱼内面用刀交叉斜切起花，切成小长方块。

（3）将西蓝花摘小朵，放在盐水里浸泡10分钟左右，冲洗干净。

（4）锅内加清水烧沸后，放入西蓝花焯水，1分钟后捞出。

（5）锅内重新加清水烧沸，投入墨鱼，快速焯烫后捞出。

（6）炒锅中加花生油，油热后下蒜蓉爆香，加入焯过水的墨鱼和韭黄，加入少许料酒和生抽爆炒至熟。

（7）把焯烫好的西蓝花放进炒锅中，加入盐、味精、淀粉水快速翻炒均匀后即可起锅。

小提示

（1）需要注意墨鱼和西蓝花的焯水时间，避免焯水过久导致口感变差。

（2）翻炒时要快速均匀，以确保食材的鲜嫩口感。

创新建议

（1）除了常用的盐、生抽、料酒等调味料外，还可以尝试加入一些独特的调味料，如蚝油、蒜蓉辣椒酱、鱼露等，为菜肴增添更多的风味。

（2）可以尝试加入一些海鲜元素，如虾仁、鱿鱼圈等，与墨鱼形成全新的鲜美组合。

桂花炒鱼翅

烹饪工艺

炒

小知识

桂花炒鱼翅是一道色、香、味俱全的传统名菜，原料包括鱼翅、鸡蛋和火腿等。此菜品不仅美味可口，还具有丰富的营养价值。

风味特点：
色泽淡黄、鲜咸醇香、松软可口

原料

（1）鱼翅80克。

（2）姜、葱、银芽、香菜、红椒丝少许，鸡蛋1个，火腿末10克，花椒粉2克，猪油30克，酱油10克，味精3克，镇江醋15克，盐适量。

制作

（1）将涨发好的鱼翅放进煮有葱姜的开水的锅中反复氽几次水，以除去腥味。

（2）将银芽飞水备用。

（3）将鸡蛋敲入碗内，加入味精、盐、酱油拌匀。

（4）将鱼翅放进蛋液内拌匀。

（5）炒锅烧热，放入猪油，先投入葱、红椒丝炒香，再将拌好的鱼翅及银芽下锅，炒熟后起锅装盘，撒上火腿末和少许花椒粉，提升整道菜的味道。

（6）可将香菜放在鱼翅两边，跟镇江醋同时上桌。

小提示

（1）银芽用微煮开的水烫一下，过水即捞起沥干。

（2）可跟生菜叶和薄饼同时上桌，卷食。

创新建议

（1）辅料方面，除了传统的鸡蛋、火腿，还可以尝试加入瑶柱、干贝等海鲜食材，增加菜肴的鲜美度和层次感。

（2）鱼翅可尝试使用合成翅或植物性替代品，如素翅，以保持菜肴的口感和风味，同时体现环保理念。

凉瓜炒牛肉

烹饪工艺

炒

小知识

凉瓜是广东人对苦瓜的叫法，因觉得“苦”字不好听且苦瓜具有清凉泻火的功效，所以就叫成了凉瓜。凉瓜炒牛肉是一道经典的粤菜，凉瓜的苦味不会渗入肉里，但肉的鲜香却能渗入凉瓜里面，令凉瓜的口感变得丰富、饱满。

风味特点：

颜色青绿、爽滑脆嫩、味道咸鲜

原料

（1）牛肉200克、凉瓜200克。

（2）胡萝卜片10克，豆豉5克，蒜蓉5克，姜片5克，生抽、胡椒粉少许，盐、香油、生粉、食用油适量。

制作

（1）将凉瓜去头去尾，开边去瓤，切成长约6厘米的菱形片状。

（2）将牛肉按横纹切成长约6厘米、宽3厘米、厚0.2厘米的薄片，放入生抽、生粉及香油拌匀，加入食用油封面腌制。

（3）凉瓜片加少量精盐、食用油飞水至仅熟后捞起。

（4）锅置火上，倒入适量食用油，爆香蒜蓉、姜片后，放入豆豉、牛肉、胡萝卜片炒匀，加入生抽、胡椒粉后，倒入凉瓜一同翻炒，加盐调味即可。

小提示

（1）牛肉厚薄要均匀，要横纹切片，否则不仅没法入味，还嚼不烂。

（2）凉瓜片大小要均匀美观，熟度要控制好。

创新建议

（1）在传统凉瓜炒牛肉的基础上，可以加入一些具有特殊风味和营养价值的配料，如彩椒、洋葱、蒜苗等，以增加菜肴的色彩和口感层次。

（2）可以尝试使用不同的烹饪油，如橄榄油、花生油、芝麻油等，为菜肴增添不同的香气和口感。

韭菜花炒河虾

小知识

韭菜花炒河虾是一道常见的广府美食。与普通的海虾不同，河虾体形更小，外壳更薄更软，口感更佳。小小的河虾在煎炸之后颜色变得红彤彤的，配上翠绿的韭菜花翻炒，既好看又鲜甜香脆。

风味特点：
肉质细嫩、味道鲜美、营养丰富

原料

（1）河虾150克、韭菜花100克。

（2）红椒50克，蒜末、姜片适量，盐、蚝油、味精、生抽、食用油适量。

制作

（1）将韭菜花洗干净切成段，红椒切丝。

（2）将河虾剪去虾枪，用淡盐水浸泡，反复冲洗干净后沥干水分备用。

（3）锅烧热，加油将河虾炸至金黄色，盛出备用。

（4）锅加油，油热后下蒜末、姜片爆香，下河虾翻炒出香味，再下韭菜花和红椒丝翻炒均匀至熟，加盐、蚝油、生抽、味精调味即可。

小提示

（1）河虾的虾枪要剪掉，否则吃起来会扎嘴。

（2）韭菜花的根部如果比较老韧的话就需要切掉，以免影响菜品的口感。

创新建议

（1）可以尝试加入一些海鲜元素，如虾仁、鱿鱼圈等，与河虾形成全新的鲜美组合。

（2）可以尝试加入一些独特的调味料，如蒜蓉辣椒酱、鱼露等，为菜肴增添更多的风味。

干炒牛河

烹饪工艺

炒

小知识

干炒牛河起源于广东地区，最初是广州街边小摊的简单快餐，因其制作快捷、味道鲜美而迅速流传开来。随着粤菜的发展，干炒牛河逐渐被引入高档餐厅，成为考验厨师火候掌握情况和调味技巧的标志性菜肴。

风味特点：

色泽油润亮泽、牛肉滑嫩焦香、河粉爽滑筋道、入口鲜香味美

原料

（1）牛肉150克、河粉300克。

（2）银芽20克，葱20克，韭黄、洋葱、食用油适量，腌料1份（用1茶匙生抽、1汤匙蚝油、1茶匙芝麻油、1汤匙淀粉调匀而成），酱料1份（用半汤匙生抽、1茶匙老抽、1汤匙植物油、半茶匙糖调匀而成）。

制作

（1）将韭黄、葱洗净切段，洋葱洗净切丝。

（2）将牛肉切成薄片放入碗中，加入腌料用手抓匀，至少腌制15分钟。

（3）锅中倒油，大火烧热后倒入牛肉，拉油至变色后捞出，沥干油备用。

（4）另取锅倒油，烧热后将河粉和洋葱一起放入锅中。加入酱料，用筷子轻轻搅拌翻炒至河粉九成熟。

（5）加入牛肉和银芽，继续用筷子轻轻地翻拌炒匀。

（6）出锅前，放入韭黄段和葱段，再炒30秒即可。

小提示

（1）韭黄是里面最具特色的配菜，不仅可以增加香味，而且口感爽脆，建议不要缺少。

（2）河粉要用大火快炒，并用筷子轻轻翻拌，不能用锅铲，否则易碎。

创新建议

（1）在传统干炒牛河的基础上，可以加入一些特色配料，如青椒丝、胡萝卜丝等，增加菜肴的色彩和口感层次。

（2）可以尝试加入一些海鲜元素，如虾仁、鱿鱼圈等，与牛肉形成鲜美的组合。

鲍鱼焖鸡

烹饪工艺

焖

小知识

鲍鱼焖鸡是一道经典的国宴粤菜，选料严格，工艺复杂。此菜品将鸡肉配以鲍鱼烹制，鲍鱼吸收了鲜美的鸡汁，鸡肉亦吸收了鲍鱼的鲜味，不仅味美鲜香，还有补虚益气、暖胃生津的食疗功效。

风味特点：
鸡肉鲜嫩多汁、鲍鱼软糯弹牙

原料

（1）鸡肉500克、鲍鱼10只。
（2）生姜20克，酱油、蚝油、花生油适量。

制作

（1）将鲍鱼清洗干净。
（2）将鸡肉剁块清洗干净，生姜去皮切片。
（3）起锅烧开水，下鲍鱼烫至脱壳后清理掉内脏，洗干净。
（4）锅内加适量花生油，放入姜片煸炒至出味。
（5）倒入鸡块翻炒，再加入酱油、蚝油翻炒至鸡肉变色。
（6）倒入没过鸡块的水，再倒入鲍鱼，小火焖35分钟后即可出锅。

小提示

（1）最好选用新鲜的鲍鱼，处理干净后需在表面打上网格花刀。
（2）注意焖制的时间与火候。

创新建议

（1）可以尝试加入适量的蔬菜，如胡萝卜、玉米或土豆等。这些食材既能增加色彩，又能平衡口感，使菜品更加健康。

（2）可以尝试将鲍鱼焖鸡制作成不同口味，如麻辣味、香辣味或酸甜味，以满足不同食客的口味需求。

子姜焖鸭

烹饪工艺

焖

小知识

子姜焖鸭是地处湘粤交界的乐昌市梅花镇一带的著名地方菜式之一。初夏上市的子姜水分充足，肉质脆嫩，清爽可口；鸭肉细腻紧致，鲜美可口。鸭肉与子姜一起焖制，不仅使鸭肉除去了腥气，还使子姜本来不太明显的辛辣味也被鸭肉的味道中和。

风味特点：

香气四溢、口感滑嫩、味道鲜美、开胃下饭

原料

（1）鸭半只（约750克）、子姜100克。

（2）蒜苗50克，青红椒6片，洋葱、香芹各3片，柱侯酱5克，海鲜酱5克，酱油10克，冰糖5克，米酒糟10克，南乳、盐、蚝油、料酒、香油、食用油适量。

制作

（1）将鸭处理干净，斩成小块放入盘里，加入少许蚝油、料酒和适量的盐抓匀，腌制5分钟使其入味。

（2）把子姜清洗干净，用刀轻轻削去皮，然后切成小块。

（3）将炒锅清洗干净，烧热后倒入冷油，放入切好的子姜块，小火煸炒出味，再加入柱侯酱和海鲜酱煸炒至香味溢出。

（4）倒入腌制好的鸭块，改中火翻炒。鸭块表皮焦黄时，倒入料酒翻炒，再放入酱油和冰糖爆炒至香味溢出。

（5）倒入适量的开水（浸过鸭块即可），再加入米酒糟、南乳，大火烧开后转小火焖40分钟左右，直至鸭肉口感软糯适中。

（6）放入适量的盐调味，改大火翻炒收汁。酱汁黏稠时，放入蒜苗、青红椒、洋葱、香芹翻炒均匀，最后淋上香油即可出锅。

小提示

（1）如果选用的鸭是新鲜的，可不用焯水，子姜可以有效地去除鸭肉的腥膻味。

（2）焖煮的时间要适中：过长会导致鸭肉过于糜烂，失去了口感；而过短则可能导致鸭肉没有完全熟透。

创新建议

（1）可以尝试引入一些新的食材来丰富菜品的口感和营养价值，比如香菇、土豆、莲藕或青蒜等。这些食材既能吸收汤汁，又能为菜品增添新的风味。

（2）可以尝试使用特色调味品，如加入适量的腐乳、沙茶酱、花生酱或芝麻酱等，为菜品增添独特的口感和香气。

南乳焖猪手

烹饪工艺

焖

小知识

南乳焖猪手是一道有名的粤菜，因其颜色和名字讨喜（南乳的颜色为喜庆的红色，猪手又被认为是“招财之手”），有“鸿运当头，招财就手”之意，故常被作为年菜。南乳是加了红曲米的腐乳，色泽红润鲜亮，有特殊的香气，用来烹制肉类，既可为菜肴增鲜亮之色，又能使菜肴呈现出独特风味。

风味特点：
香气浓郁、味道醇厚

原料

（1）猪手两只。

（2）姜片、香叶、八角、陈皮适量，南乳6块，冰糖、料酒、生抽、蚝油、盐、白砂糖、食用油适量。

制作

（1）将猪手洗净斩块后氽水，再冲洗干净。

（2）将南乳、蚝油、生抽、白砂糖、料酒、少量盐混成酱料备用。

（3）将八角、香叶、陈皮、姜片下油锅炒香。

（4）倒入猪手炒香，再倒入调好的酱料，翻炒均匀。

（5）加一小块冰糖，再加水没过猪手，小火慢慢焖至收汁即可。

小提示

（1）要用南乳，不能用腐乳。南乳有咸味，调味时要注意用量。

（2）在焖煮过程中，可以适时搅拌一下食材，让南乳和猪手更好地融合在一起。

创新建议

（1）可以尝试加入一些新的食材，如香菇、竹笋等。这些食材不仅营养丰富，而且能为南乳焖猪手增添新的口感和风味。

（2）可以尝试自制南乳酱，根据个人口味调整红曲米、大豆、绍酒等原料的比例，以制作出更具个性化的南乳焖猪手。

蒜香排骨

烹饪工艺

炸

小知识

蒜香排骨是一道经典的粤菜，主要特点是香、酥、脆、嫩。该菜品选用上等的新鲜小排为原料，经上浆腌制、油炸等工序烹制而成。

风味特点：
蒜香浓郁、外酥里嫩、咸鲜适口

原料

（1）排骨750克。

（2）蒜蓉150克，胡萝卜50克，洋葱50克，芹菜100克，香菜75克，盐5克，味精2克，鸡精2克，玫瑰露酒、食粉、食用油适量。

制作

（1）将排骨洗净，切成6厘米长的块，用水冲净血水后沥干水分备用。

（2）将胡萝卜、洋葱、芹菜、香菜剁碎后与蒜蓉一起拌匀，制成酱料备用。

（3）将备好的排骨与酱料、盐、味精、鸡精、玫瑰露酒、食粉拌匀，放入冰箱冷藏3～4小时。

（4）锅中倒入油烧热，将冷藏后的排骨取出，抹去表面的调料，入锅炸至八九成熟捞出。待油温升高时将排骨下锅复炸，排骨呈金红色后捞出沥油装盘即可。

小提示

（1）腌制好的排骨需抹去表面的蔬菜末后才能下锅炸。最好分两次炸，第一次是炸熟，第二次是上色。

（2）装盘时，可以撒上一些白芝麻或青葱作为装饰，增加菜品的视觉效果。

创新建议

（1）可以尝试加入迷迭香、百里香等香料，为蒜香排骨增添异样风味。

（2）可以尝试用蒜泥、蒜蓉、蒜片等多种形态的蒜来腌制，对比不同的口感。

（3）可以尝试在炸制前裹上一层薄薄的淀粉或面包糠，为菜品增加酥脆感。

金丝虾球

烹饪工艺

炸

小知识

金丝虾球的原料主要是虾肉和土豆。去壳留尾的虾肉裹上一层金黄酥脆的土豆丝，形似金丝，故得名金丝虾球。这道菜不仅赏心悦目，更是宴席上的美味亮点，深受食客喜爱。

风味特点：

外酥里嫩、鲜香可口

原料

（1）虾12只、土豆300克。

（2）沙拉酱30克、料酒15克、盐2克、食用油适量。

制作

（1）将土豆去皮切成细丝，放到凉水里泡去多余淀粉。

（2）将虾去头、去壳、去虾线，取虾肉（留尾），加入料酒、盐拌匀，腌制5分钟。

（3）锅里倒油烧热，油热后把土豆丝倒进去煎炸，炸至酥脆金黄后捞出备用。

（4）把虾肉放进油中炸熟，再给虾肉表面裹一层沙拉酱，粘上炸好的土豆丝，用手捏成球状后装盘。

小提示

（1）土豆要切成细丝，类似于细面条的粗细。

（2）掌握好炸制土豆丝的温度和火候，避免炸焦。

创新建议

（1）使用不同种类的虾（如小龙虾、基围虾）来制作虾球，对比口感和风味。

（2）除了传统的土豆丝或地瓜丝，还可以尝试使用南瓜丝、胡萝卜丝等色彩鲜艳的食材制作金丝，增加菜品的视觉效果。

（3）可以尝试使用模具或手工成型，将虾球制作成不同的形状（如心形、星形等），增加菜品的趣味性和吸引力。

五柳松子鱼

烹饪工艺

炸

小知识

五柳松子鱼是广东的一道地方传统名菜，是对江苏名菜松鼠鱼加以创新而成。松子鱼因鱼肉状如松子，故而得名。该菜品为宴席的常品，以其独特的造型、浓郁的口感和丰富的营养价值而受到广大食客的喜爱。

风味特点：
外形美观、外酥里嫩、酥脆甘香、微酸微甜、醒胃可口

原料

（1）草鱼1条（约750克）。

（2）洋葱半个，五柳菜、炸松子、淀粉、生粉、番茄酱、料酒、盐、白砂糖、大红浙醋、喼汁、食用油适量。

制作

（1）将草鱼去鳞、去内脏、去头和脊骨，把鱼肉剔出来，用刀在鱼肉上切出“井”字花纹。注意鱼皮不要切断。

（2）将盐、料酒、食用油均匀地抹在鱼肉上，然后拍上淀粉。

（3）锅中放入食用油，用大火把油加热至六成热后将火调至中火，然后把鱼肉放入油中炸至金黄色，炸好后起锅装盘。

（4）洋葱切丝，加五柳菜入锅。将白砂糖、大红浙醋、盐、番茄酱、喼汁等调料一起放入锅中，加入少量的水煮开，然后加入少量的生粉勾芡并加入尾油，盛出淋在鱼肉上，最后撒上炸松子即可。

小提示

（1）鱼皮不要切断，给鱼肉拍淀粉前要沥干鱼肉的水分。

（2）加入番茄酱，能令整体酸味更有层次；而喼汁的加入则令糖醋汁具有蜜味，使整个酱汁的口感更为丰富。

创新建议

（1）可以在鱼肉上切出更加复杂或独特的花纹，如菱形、波浪形等，增加菜品的视觉效果。

（2）可以尝试使用不同的烹饪方式制作酱汁，如炒制、炖煮等，使酱汁的味道更加浓郁。

糖醋咕噜肉

烹饪工艺

炸

小知识

糖醋咕噜肉又名古老肉，是用糖醋汁和猪肉烹饪而成，始创于清代，为广东传统名菜之一。据说，每次将它端上餐桌时，周围的食客都会馋得咕噜咕噜直咽口水，因此而得名。

风味特点：

色泽金黄、外脆里嫩、酸甜可口

原料

（1）猪肉400克（肥瘦相间）、菠萝150克。

（2）洋葱、彩椒适量，鸡蛋30克，蒜头2克，茄汁10克，白酒3克，盐3克，香油2克，白醋30克，赤砂糖20克，喼汁、淀粉、食用油适量。

制作

（1）用中火烧热炒锅，倒入茄汁、赤砂糖。待糖溶解后加入盐、白醋、喼汁，调匀成糖醋汁备用。

（2）将猪肉切成块并捶松，用盐、白酒拌匀，腌制约15分钟。

（3）将菠萝削去外皮洗净，切成菱形块并焯熟。

（4）将彩椒去蒂洗净，切成大小相同的菱形块。

（5）在腌过的猪肉块中加入鸡蛋液和湿淀粉，拌匀，再粘上干淀粉。

（6）用中火烧热炒锅，下油烧至微沸，把猪肉块依次放入锅中，炸约3分钟后将锅端离火口，利用油的余热继续浸炸约2分钟后用笊篱捞起。

（7）将余油倒出，炒锅放回灶上，投入蒜头、彩椒，爆至有香味后加入洋葱、糖醋汁烧至微沸，用湿淀粉调稀勾芡。

（8）倒入猪肉块和菠萝拌炒，淋上香油炒匀即可。

小提示

（1）猪肉最好选瘦中带肥的五花肉。全是肥的太油腻，全是瘦的太干柴。

（2）油烧至五成热（油锅上方微热但无烟）时下肉块。

创新建议

（1）炸制是糖醋咕噜肉制作过程中的关键步骤之一。可以尝试使用不同的油温、炸制时间和炸制方式（如浸炸、干炸等），以对比不同的口感。

（2）糖醋汁的制作也是创新的关键点之一。可以尝试使用不同的糖醋比例、加入不同的调味料（如蜂蜜、柠檬汁、番茄酱等）来制作糖醋汁，创造独特的口味。

均安煎鱼饼

烹饪工艺
煎

小知识

据《顺德均安志》介绍，均安鱼饼始于清代光绪年间。清代同治年间，均安仓门人欧阳礼志将其父欧阳华长的厨艺发扬光大，创制了煎鱼饼。当地群众早就善于将鲮鱼起肉剁烂来做鱼青，或蒸或打边炉，味道鲜美。欧阳礼志加以改进，将鲮鱼青压成薄饼形，用慢火煎至金黄，使之成为佐酒下饭妙品。

风味特点：
色泽金黄、外脆里嫩、爽滑甘甜

原料

（1）鲜鲮鱼肉500克。

（2）葱花25克、盐6克、味精5克、白砂糖2克、淀粉50克、食用油适量。

制作

（1）将鲜鲮鱼肉去皮后切成薄片，再剁成蓉备用。

（2）往鱼蓉中加入盐、味精、白砂糖，搅拌至有弹力感，再加入适量清水、淀粉搅拌均匀，最后加入葱花再次搅拌均匀。

（3）把调好的鱼蓉放入圆形的模具内压成薄饼。

（4）起锅热油，放入鱼饼煎至两面金黄即可装盘。

小提示

（1）鱼肉要剁成蓉，不能带有骨丝。

（2）搅拌时要顺着一个方向，那样鱼蓉才有弹性。

（3）煎制时要用中小火慢煎。

创新建议

（1）除了传统的鲮鱼，还可以尝试使用其他种类的鱼肉，如鲈鱼、鳙鱼等，以丰富鱼饼的口感和风味。

（2）可以尝试在鱼饼中加入一些特色配料，如马蹄碎、香菇丁、虾仁等，以提升鱼饼的口感和营养价值。

（3）在传统的手工搅拌基础上，可以尝试使用机器搅拌，但需注意控制搅拌力度和时间，以保持鱼肉的弹性和口感。

瑶柱扒瓜脯

烹饪工艺

扒

小知识

瑶柱俗称干贝，是多种贝类闭壳肌干制品的总称，在古时是进贡皇室的珍品。冬瓜虽然是很普通的食材，但是营养丰富。瑶柱扒瓜脯是一道清淡却不寡淡的家常菜，非常适合在夏天食用。

风味特点：
色泽淡雅、清淡软糯、营养丰富

原料

（1）冬瓜约400克。

（2）干瑶柱25克、盐6克、味精3克、白砂糖2克、鸡粉1克、淀粉15克、绍酒15克、芝麻油1克、胡椒粉0.1克、蚝油3克、老抽1克、二汤适量、食用油适量。

制作

（1）将干瑶柱泡发后撕碎备用。

（2）将冬瓜去皮洗净，切成长条状。

（3）将瓜脯用油略炸片刻，摆放在盘内。

（4）炒锅下油，倒入绍酒，下二汤及盐、味精、白砂糖、鸡粉，烧开后倒在瓜脯上。将瓜脯放入蒸锅蒸熟。

（5）起锅下油，依次下二汤、绍酒、盐、味精、蚝油、白砂糖、鸡粉、瑶柱，略煮后再下淀粉、胡椒粉、芝麻油勾芡，最后下老抽调色并将汤汁淋到蒸好的瓜脯上。

小提示

（1）勾芡要做到不泄芡，质地不稠也不稀。要不时拉丝观察，既能拉出绵长的糊丝，又不过于浓稠即可。

（2）瓜脯不宜蒸得过烂，否则会影响造型和口感。

创新建议

（1）可以尝试加入一些海鲜或蔬菜作为配料，如鲜虾、蟹肉、香菇、西蓝花等。这些配料能增加菜品的口感层次和营养价值。

（2）可以尝试将瑶柱扒瓜脯与西餐元素进行融合，如使用西式酱料、奶酪等作为调味品或配料，为菜品带来全新的风味体验。

豉汁蒸排骨

烹饪工艺

蒸

小知识

豉汁蒸排骨是一道传统粤菜，由排骨和豆豉蒸制而成。这道菜在广东茶楼中非常受欢迎，是早茶中的经典茶点之一。

风味特点：

嫩滑多汁、香而不腻

原料

（1）排骨500克。

（2）蒜蓉5克，葱段5克，盐2克，味精1克，白砂糖2克，豆豉碎20克，绍酒3克，老抽2克，胡椒粉0.1克，淀粉8克，生抽、蚝油、食用油适量。

制作

（1）将排骨洗净后斩成小方块。

（2）在排骨中加入蒜蓉、豆豉碎、盐、味精、白砂糖、绍酒、胡椒粉、老抽、生抽、蚝油、淀粉拌匀，再加入食用油重新拌匀。

（3）将拌好的排骨铺在盘中，放入蒸锅，中火蒸约10分钟，取出撒上葱段点缀即可。

小提示

（1）最好选用阳江豆豉并将其剁成蓉状，也可用豆豉及调味料做成豉汁酱，拌入排骨中烹制。

（2）排骨要选择肋排，瘦肉不宜太厚，夹点肥肉最佳，并且要尽量斩成小方块，便于蒸熟。

创新建议

（1）可以尝试加入时令蔬菜，如将南瓜、芋头或红薯切片，铺在排骨下方一同蒸制。这些食材既能吸收肉汁，又能为菜品增添新的口感和营养。

（2）可以尝试创新豉汁。在传统豆豉的基础上，加入花生酱、芝麻酱或蒜蓉辣椒酱等调料，调制出独特的豉汁。

冬菇蒸滑鸡

烹饪工艺

蒸

小知识

冬菇蒸滑鸡是一道以鸡肉和冬菇为主要原料的传统粤菜，以鲜嫩的鸡肉、饱满的冬菇和丰富的口感而备受食客们的喜爱。这道菜既美味可口又营养丰富，简单而又能登大雅之堂。

风味特点：

嫩滑鲜美、香气浓郁、原汁原味

原料

（1）土鸡1只、冬菇50克。

（2）生姜1块、小葱1根、盐2茶匙、胡椒粉1茶匙、淀粉1汤匙、花生油2汤匙。

制作

（1）将冬菇用温水泡发约20分钟，然后清洗干净，切成条后装盘备用。将生姜清洗干净，切丝备用。将小葱切成葱花备用。

（2）将土鸡清洗干净，剁成大小均匀的小块，装入一个大托盘里面，再放入姜丝、盐、胡椒粉、花生油，然后用手抓匀。加入淀粉后再次用手抓匀，腌制15分钟。

（3）将准备好的冬菇与鸡块混合均匀，然后在托盘里面铺平。

（4）起蒸锅，等蒸锅上汽之后，将整盘鸡块放入蒸锅里面，盖上锅盖，大火蒸约10分钟即可。

（5）鸡肉蒸熟之后出锅，撒上葱花即可上桌。

小提示

（1）腌制鸡肉时，要充分抓匀，让鸡肉和调料充分融合。且腌制时间要足够，以便入味。

（2）鸡肉不用蒸太久，刚好熟透是最嫩、最好吃的。如果蒸久了，肉质会变老。

创新建议

（1）可以尝试在传统腌料的基础上，加入一些新的调料，如柠檬汁、辣椒粉、花椒粉等，为鸡肉增添新的风味层次。

（2）可以尝试在鸡肉中混入一些虾仁、干贝或鱼块，与冬菇和鸡肉一同蒸制，创造出独特的海陆风味。

豉油皇焗虾

烹饪工艺

焗

小知识

豉油皇焗虾作为一道经典粤菜，其历史可以追溯到清朝中期。当时，广东省的厨师们开始尝试使用特制的豉油皇酱汁来烹制海鲜，其中就包括大虾。随后，这道菜肴在当地的食肆中逐渐推广开来，受到了广大食客的喜爱和追捧。

风味特点：

虾肉鲜美、豉油味浓、香鲜可口

原料

（1）虾500克。

（2）蒜蓉5克，姜米3克，豉油35克，绍酒5克，芝麻油2克，胡椒粉0.5克，白砂糖、食用油适量。

制作

（1）将虾从背部剖开，去除虾线，处理干净后备用。

（2）把虾放入油锅中炸至酥脆，捞起沥干油分。

（3）起锅热油，放入蒜蓉、姜米爆香，再放入炸好的虾、绍酒、豉油、白砂糖，加盖稍焗。

（4）下芝麻油、胡椒粉略炒后即可出锅装盘。

小提示

（1）炸虾时，油温要够高，炸出的虾才酥脆。

（2）焗的时间不宜过长，且要注意火候的掌握，避免虾肉过老或烧焦。

创新建议

（1）在豉油的选用上，可以尝试使用不同品牌或种类的豉油，如添加一些特制调料的豉油或酱油，调整其比例，以获得不同的风味。

（2）在豉油的基础上，可以尝试加入一些特色的酱料，如蜂蜜、蒜蓉辣椒酱、沙茶酱等。这些酱料能为虾肉增添新的风味层次。

生啫鱼头

烹饪工艺

焗

小知识

生啫鱼头，也称生焗鱼头，烹调方法是利用高温和食材自身含有的水分，使食材变熟、变香。此菜的关键是要调好酱汁，掌握好火候，不加水，最大限度地保持鱼头本身的鲜美。

风味特点：

嫩滑多汁、香味诱人、咸鲜回甜

原料

（1）胖头鱼1条（约500克）。

（2）干葱150克，姜100克，蒜100克，香菜20克，调料1份（蚝油5克、海鲜酱5克、柱侯酱5克、老抽10克、香滑磨豉酱5克、南乳汁15克、鸡粉3克、盐1克、花生酱3克、白砂糖2克、胡椒粉1克、干葱末5克、蒜末5克、姜末5克拌匀），陈皮1克，广东米酒15克，海米碎5克，生粉10克，香油和食用油适量。

制作

（1）将鱼头处理干净后剁块，干葱切成大段，姜、蒜切成末，香菜洗净切成小段。

（2）将剁好的鱼头洗净后沥水，用厨房纸吸干水分，放入容器中。

（3）锅内倒入油烧热，倒入干葱、姜末、海米碎、陈皮、蒜末炒香，然后放入备好的调料做成酱汁晾凉备用。

（4）将酱汁倒入装有鱼头的容器中，充分拌匀，再加入生粉，拌匀后腌制10分钟。

（5）砂锅内倒入油烧热，放入干葱、姜块和蒜粒煎香，摆入腌制好的鱼头，铺平，淋上广东米酒，盖上盖子小火焖18分钟，撒上香菜、淋上香油即可出锅。

小提示

（1）最好选用水库喂养的胖头鱼，个头大，鱼头部分比较有肉。

（2）在焗制鱼头时，需要掌握好火候，避免火太大导致鱼头烧焦或火太小导致鱼头不熟。

创新建议

（1）可以尝试在菜品中加入一些辅助食材，如香菇、金针菇、豆腐等。这些食材不仅能增加菜品的口感和营养，还能与鱼头形成美味的搭配。

（2）除了传统的砂锅焗制外，还可以尝试使用其他烹饪方式，如烤箱烤制、铁板烧等。这些方式能为菜品带来不同的口感和风味。

五、经典客家菜制作

客家菜的风格自成一派，讲究原汁原味，注重火候把控，食材搭配和烹饪方式也很符合现代健康膳食的要求。

1. 客家菜的制作要点

客家人是从中原南下的移民。他们迁至偏远的岭南山区，完整地保留了中原地区的语言与饮食习惯。客家人居住的地区大都远离海洋，因而客家菜具有内陆型菜肴油重味浓、咸香软糯的特色。其制作要点主要体现在以下几个方面：

（1）就地取材，原汁原味。

就地取材主要是因为客家人有着长期迁徙移民的历史。一方面，客家人在迁徙的过程中没有办法得到很好的食材，只好就地取材；另一方面，客家人来到人生地不熟的南方选择在多山的丘陵山地地区定居，受到地形的限制，没有办法得到很好的食材，只能就地取材。原汁原味是传承了中原饮食文化的特色。客家饮食中不讲究运用过多的汤汁作为调料，讲求“饭有饭香，肉有肉味”。

比如，在食用长汀河田白斩鸡时，客家人会把姜、葱、蒜、盐捣碎熬制为汤汁，但是白斩鸡并不与之混合熬制，而是把熬好的汤汁用碗盛起，以便蘸食。

（2）擅长焖烧煮炖蒸焗煲。

客家菜讲究火候，注重养生，风格朴实大方，味道浓郁，擅长焖烧煮炖蒸焗煲。利用砂锅的保温性和储热性制作的砂锅菜和煲仔菜，是客家菜的特色菜之一。客家菜注重原汁原味，酱料少，味厚浓香，搭配简单，少而多变的调味，保留了自然原味的烹调风格。

经典客家菜以肉为主要材料，尤以猪肉、鸡肉居多，主要从客家筵席和年节食品、礼俗食品中发展而来。在客家菜中，猪肉的烹制方法五花八门：猪头部分，头骨用于煲汤，其余部分用于制作卤腊——梅城的肉菜市场到处可见推着小车卖卤腊的小贩，其中必有猪耳朵、猪猁（猪舌）等卤制品；瘦肉用于制作各式小炒，瘦肉做汤的样式也是五花八门，如清蒸瘦肉汤、红曲瘦肉汤、青菜滚汤、咸菜瘦肉汤等；五花肉用于制作香芋扣肉、梅菜扣肉、梅菜焖肉、红焖肉等菜品；猪胰子、猪心都是补品，用来炖汤，给老人或孩子增加营养；猪肝、粉肠用于滚汤或煲粥；其他“猪下水”（内脏）用于烹制各类小炒，如咸菜炒猪大肠等；猪蹄既可做成卤腊，也可与大蒜和花生一起炖，后者在当地俗称“焗猪脚”。

（3）刀工朴实，切块粗大。

客家菜刀工质朴粗犷，讲究粗刀大块。客家话中说只有小户人家才是小盘小块，而对于宗族观念强烈而又好客的客家人来说是不能允许小盘小块的，因为这显得吝啬又小气。所以在客家宴客桌上盛饭菜的盘子和切块就显得非常之大。

比如，逢年过节的两道客家特色菜——梅菜扣肉和河田白斩鸡。一盘0.5千克以上的整头白斩鸡，最多切成十余块，大块大块的，让人感觉实实在在；梅菜扣肉中的猪肉，一块一般有10～20克重。

传统客家菜不注重摆盘装饰，造型古朴，乡土气息明显。近年来客家菜受到其他菜系的影响，特别是受粤菜的影响而有所变化。这也从侧面反映出客家菜在人口迁移流动和社会经济发展的背景下，在用料、制法、刀法上不断地进行创新融合，以满足消费者的饮食需求。

（4）重盐、重肥。

客家人素来以勤劳勇敢闻名中外，所到之处多为还未开发的丘陵山地地区，于是不得不承担垦殖的工作，巨大的劳动量造成了客家人重盐的饮食习惯。长期的劳作消耗使得汗液大量排出，所以客家人要补充体内的盐分。此外，还因为古时贫穷的客家人多食用稀粥，盐可以帮助下粥。

客家人长期生活在耕地不足、土地贫乏的山区，粮食不充足，于是对于客家人来说，充饥显得尤为重要。而饮食肥腻较容易充饥，在劳动中就不容易饿。闽粤赣山区较为潮湿寒冷，肥腻的饮食能提高体内的热量，更好地御寒。

（5）以酒代油。

很多人在烹饪的时候都有一个烦恼：加油太少，菜肴的口感会显得干，而且还容易粘锅；可是一旦放入大量的油，又不符合现代健康膳食的理念。因此，客家人以娘酒入菜，加酒减油，既能去腥增香，又可使菜肴更有营养。

2. 客家菜制作实例

下面介绍几道经典客家菜的制作方法。

子姜炒牛肉

烹饪工艺

炒

小知识

子姜的特点是无渣、脆爽，辣度不高，酸中带甜。红糟是客家人自酿娘酒的副产物。红糟与子姜、牛肉一同烹制，姜糟味浓，具有浓浓的乡土风味。

风味特点：
口感鲜美，既有子姜的脆爽，又有牛肉的嫩滑

原料

（1）牛肉250克、子姜250克。

（2）香芹30克、蒜片5克、红糟1汤匙、盐3克、味精1克、生抽5克、淀粉6克、食用油适量。

制作

（1）将牛肉切成薄片，子姜切成丝。

（2）在牛肉片中加入生抽、淀粉拌匀腌制。将蒜片放入油锅炸香，子姜丝略炸。

（3）起油锅，煸香红糟，下蒜片、香芹、子姜丝，再放入牛肉片炒香。加入适量清水，盖上锅盖焖1分钟，加盐、味精调味后即可出锅。

小提示

（1）子姜需要切成细丝，以便更好地释放姜香；而牛肉则需要逆着纹理切，这样在烹饪过程中不易收缩变老，口感更嫩。

（2）在炒制时，大火快速翻炒可以保持牛肉的嫩滑和子姜的脆爽。

创新建议

（1）可以尝试加入如芦笋、秋葵、彩椒等色彩鲜艳、口感独特的蔬菜，增加菜品的营养价值和视觉效果。

（2）可以尝试使用西式烹饪中煎牛排的技巧来处理牛肉块，再将其与中式炒制的子姜结合，创造中西合璧的新风味。

酸菜炒大肠

烹饪工艺

炒

小知识

客家地区特有的酸菜称为“水绿菜”（“绿”是客家话，与粤语“烫”同义），做法是用水将嫩芥菜烫熟，挂到通风处晾干到一定程度，再用坛子装起来腌制一段时间。酸菜炒大肠是一道风味十足的客家菜。以往客家人聚餐，首选菜肴就是炒猪肠，寓意长长久久。

风味特点：

鲜爽脆嫩、开胃下饭

原料

（1）新鲜猪大肠500克，酸菜200克，青椒、红椒少许。

（2）番茄30克，炸黄豆少许，盐3克，味精6克，白砂糖3克，生抽5克，胡椒粉2克，淀粉35克，纯碱、食用油适量。

制作

（1）将猪大肠用纯碱、盐搓洗干净后切成小段，用盐、味精、淀粉腌制。

（2）将酸菜与番茄均切厚片备用，青红椒切成圈备用。

（3）烧一锅开水，放入酸菜、番茄，氽水后捞起，再将猪大肠飞水备用。

（4）起锅加油，烧至五成热，放入猪大肠爆油，捞起沥干油分。

（5）起油锅，放入酸菜煸炒片刻，放生抽、味精、白砂糖、胡椒粉、炸黄豆翻炒，再加入爆好的猪大肠、青红椒圈翻炒，勾芡后即可出锅。

小提示

（1）猪大肠要清洗干净，否则会有异味。

（2）猪大肠爆油时要掌握好火候，猪大肠刚熟即可，不然会不爽脆。

（3）酸菜带有咸味，调味时应注意。

创新建议

（1）可以尝试使用爆炒、干煸等不同的烹饪技法，使菜品更加香脆可口。

（2）可以根据个人口味调制特色酱料，如加入豆瓣酱、辣椒酱等，使菜品味道更加丰富。

客家焖猪肉

烹饪工艺

焖

小知识

客家焖猪肉是客家传统名菜之一，是地地道道的客家风味菜。在客家人的宴席上，永远不会少了这道颜色讨喜、油润软糯的客家焖猪肉。它饱含了客家人对日子越过越红火的期盼。

风味特点：
软滑爽口、咸中带甜、肥而不腻

原料

（1）五花肉750克。

（2）蒜头50克、干鱿鱼片20克、泡发的冬菇50克、盐6克、味精5克、白砂糖10克、生抽30克、老抽5克、胡椒粉5克、娘酒15克、红曲粉3克、食用油适量。

制作

（1）将五花肉洗净，切成约4厘米宽的长条，放入水中煮熟后捞起。

（2）将煮熟的五花肉切成边长3.5厘米左右的方块。

（3）将切好的肉块放入150～180摄氏度的油中稍炸，以去除表面多余的油脂。

（4）将干鱿鱼片、冬菇煸香，加入炸好的五花肉，放入蒜头、盐、味精、白砂糖、生抽、老抽、胡椒粉、娘酒、红曲粉及适量水，用慢火焖至肉质起胶、色泽红亮、软糯浓香即可。

小提示

（1）控制好炸制五花肉的时间，炸至肉质硬挺、呈金黄色即可。

（2）要用小火慢焖，防止菜肴煳底。

创新建议

（1）除了传统的五花肉，还可以尝试使用猪颈肉、猪梅花肉等口感更加细腻的部位，或者将多种猪肉部位进行搭配，以增加菜品的口感层次。

（2）在焖煮过程中，可以尝试使用高压锅、砂锅等不同的烹饪工具，以改变猪肉的质地和口感。同时，也可以尝试调整焖煮的时间和火候，以获得更佳的烹饪效果。

萝卜焖牛腩

烹饪工艺

焖

小知识

牛腩是客家人常用的菜肴原料，与萝卜搭配做成的萝卜焖牛腩是一道常见的美味佳肴。冬季用自然生长成熟、汁多脆嫩的萝卜与牛腩同焖，更是味道清香，风味独特。

风味特点：
软烂入味、汤鲜味美、营养丰富

原料

（1）牛腩500克、萝卜200克。

（2）姜20克、盐10克、八角2颗、鸡粉15克、紫金辣椒酱25克、绍酒25克、食用油适量。

制作

（1）将牛腩洗净、汆水，捞出后用冷水冲洗干净，再切成方块备用。

（2）将萝卜洗净去皮，切成方块备用。

（3）起锅下油烧热，下姜、八角爆香，再下切好的牛腩，煸炒出香味后下绍酒、紫金辣椒酱、盐、鸡粉和适量水，大火烧开后转小火焖至牛腩六成熟，再加入切好的萝卜块焖至肉熟即可。

小提示

（1）先把牛腩煸炒出香味，再加调料焖。牛腩不要焖得太烂，否则吃起来口感不好。

（2）按此方法也可做成萝卜牛腩煲。

创新建议

（1）可以尝试制作一种独特的酱料加入菜品中，如将柱侯酱、蚝油、生抽、白糖等调味料混合，再加入适量的客家黄酒或米酒，以增添酒香和酱香味。

（2）可以尝试使用高压锅或电炖盅等现代烹饪工具，以缩短烹饪时间并保持食材的原汁原味。同时，也可以调整焖煮的火候和时间，以获得更佳的口感和质地。

三杯鸭

烹饪工艺

焗

小知识

客家菜其实一直以来都有着“无鸭不香”的特点。三杯鸭是客家风味名菜，“三杯”是指一杯油、一杯生抽、一杯酒三种调味料。三杯鸭选用的鸭子则多是走地麻鸭，肉质紧实，鸭香味浓。

风味特点：
酥香多汁、酱香浓郁、酒香四溢、咸甜适中

原料

（1）鸭1只（约1250克）。

（2）米酒30克、生抽30克、花生油30克、冰糖适量。

制作

（1）将鸭子洗干净，沥干水份备用。

（2）将鸭子抹上生抽上色。

（3）锅中倒入花生油烧热，放入鸭子煎炸上色。倒入生抽、米酒、冰糖焗30～40分钟后，边翻动鸭子边淋上汁，使鸭子熟透并完全着色。

（4）将焗熟的鸭子斩块放入盘中摆成鸭状，淋上汁即可。

小提示

（1）注意把握好火候，火力过猛、时间过长均会影响菜肴质量。

（2）在焗时最好用竹篦子垫底，防止鸭子烧焦。

创新建议

（1）在创新过程中，可以融入现代健康饮食理念，如减少油脂使用、加入蔬菜等，以满足消费者对健康饮食的需求。

（2）可以尝试采用先煎后焖的烹饪方式，先将鸭肉煎至金黄，再与调味料一同焖煮，以锁住肉汁和香味。

客家酿豆腐

烹饪工艺

煎酿

小知识

“酿”是一个客家话动词，表示“植入馅料”的意思，“酿豆腐”即“有肉馅的豆腐”。客家酿豆腐也称为肉末酿豆腐、东江酿豆腐，是东江传统风味名菜，也是客家饮食文化中极具代表性的一道传统菜品。

风味特点：
色泽金黄、鲜嫩滑润、汤汁醇厚、味道鲜美

原料

（1）豆腐400克、猪肉200克、冬菇6朵。
（2）葱花、姜末、蒜末、食用油适量，盐1小勺，生抽15毫升，蚝油10克。

制作

（1）将猪肉剁成肉糜。将豆腐切成方块，冬菇切末放入肉糜中，加少量生抽与盐调味。

（2）用小勺在豆腐块中间挖出一个洞，将调好味的肉糜嵌入其中。

（3）平底锅中抹少量的油，将豆腐块放入锅中煎，没有肉馅的几面煎至焦黄后，再将有肉馅的一面略煎一下。

（4）把煎好的豆腐放入砂锅中。

（5）将姜末、蒜末、蚝油放入锅中，加水煮沸后浇在砂锅中的豆腐上，再加热并撒上葱花即可。

小提示

（1）煎豆腐时要热锅冷油，用小火，动作要轻，否则豆腐易烂。

（2）酿肉馅时注意动作要轻，防止豆腐裂开。

创新建议

（1）除了猪肉馅外，可以尝试使用牛肉、鸡肉、虾肉或鱼肉等，搭配不同的调味料，创造多样化的风味。

（2）可以尝试使用烤箱或空气炸锅来烹饪酿豆腐，以减少油脂使用，同时赋予其独特的口感和香味。

客家酿三宝

烹饪工艺

煎酿

小知识

客家酿三宝是客家人的传统美食，在客家人的饮食中占有非常重要的地位，是客家酿菜中的象征性菜品。它将酿苦瓜、酿辣椒和酿茄子集于一盘，颜色各异，形态美观，味道独特。

风味特点：

色泽鲜亮、鲜爽脆嫩

原料

（1）苦瓜2条、茄子1条、辣椒4个、猪肉200克。

（2）鸡蛋1个、蒜5粒、姜末少许、盐1小勺、生粉2勺、生抽15毫升、蚝油10克、植物油1汤勺、自制调料汁。

制作

（1）将苦瓜切成几个小段，用小勺子把苦瓜瓤挖出。

（2）将茄子切成几个小段，每个小段划上两道深深的刀口。

（3）将辣椒切段，把里面的籽挖出。

（4）将猪肉洗干净，剁成肉末，蒜剁成蒜蓉。将肉末、蒜蓉、鸡蛋放入碗中，加盐、生粉、姜末、生抽、蚝油、植物油均匀搅拌在一起，做成肉馅。

（5）把做好的肉馅嵌入做好的苦瓜段、茄子段、辣椒段中。

（6）把嵌有肉馅的原料煎煮好，放入盘中。

（7）将调料汁（适量豆豉洗净切碎，蒜、姜切末，辣椒切段。在锅中热油，放入蒜末、姜末、辣椒段炒香，加入豆豉炒出香味，再加入生抽、蚝油、糖、盐炒匀即可）放入锅中煮沸，浇在煎煮好的原料上面即可。

小提示

（1）切好的茄子段要泡进水里，以防茄子肉表面氧化变色。

（2）注意酿制的手法，肉馅不要太满，避免煎熟后露出；可在酿制时抹上生粉，增加黏性，防止肉馅脱落。

创新建议

（1）可以尝试将客家酿三宝与西式烹饪手法相结合，如加入奶酪、番茄酱等西式调料，创造中西合璧的新风味。

（2）在传统的猪肉馅基础上，可以尝试加入海鲜（如虾仁、鱼肉）、香菇、冬笋等配料，创造多样化的风味。

客家娘酒鸡

烹饪工艺

煮

小知识

客家娘酒鸡是一道客家特色传统名菜，具有暖身、驱寒、补血的功效，颇受客家人喜爱。在客家人中，产妇一般都吃娘酒鸡来进补。因此，这道菜不仅是一道菜，更是一种文化，是客家人一代又一代健康成长的养分。

风味特点：
肉质嫩滑、甜香醉人、浓醇可口、十分入味

原料

（1）土鸡1只（约800克）、娘酒500克。

（2）香葱1根、老姜50克、红枣6粒、盐5克、高汤250克、食用油适量。

制作

（1）将土鸡洗净，去除内脏和表面杂毛后斩成小块。香葱切段，老姜拍破。

（2）开大火将炒锅中的油烧至五成热，放入香葱段、老姜和鸡块快速翻炒，将鸡块煸至表面呈金黄色并微微发干。

（3）在锅中加入400克娘酒和250克高汤，大火煮开后调成小火，加盖煲煮25分钟。

（4）加入剩下的100克娘酒和红枣，调成中火，开盖再煮5分钟。上桌前放入盐调味即可。

小提示

（1）选用客家地区出产的土鸡、娘酒，菜品会更有特色。

（2）烹饪时要注意火候的调节。合适的火候能让鸡肉在焖煮过程中充分吸收娘酒的香气，使菜品更加美味。

创新建议

（1）在传统客家娘酒鸡的基础上，可以加入其他食材，如枸杞、党参等，增加菜品的营养价值和滋补效果。

（2）可以尝试使用不同的配料，如香菇、冬笋等，以丰富菜品的口感和风味。

梅菜扣肉

烹饪工艺

扣

小知识

梅菜是岭南三大名菜之一，历史上曾进贡宫廷，因而也被称为“惠州贡菜”。新鲜的梅菜经晾晒、精选、飘盐等多道工序制成，色泽金黄，香气扑鼻，清甜爽口，不寒、不燥、不湿、不热，有促进消化、清热解暑、消滞健胃、降脂降压的功效。

风味特点：

香浓可口、肥而不腻、味道咸鲜、软绵醇香

原料

（1）带皮五花肉1000克、梅菜150克。

（2）姜蓉15克、蒜头10克、盐5克、白砂糖20克、老抽15克、蚝油10克、淀粉5克、客家黄酒5克、花生油适量。

制作

（1）将五花肉清洗干净，用清水煮至刚熟便捞出，趁热以老抽涂匀肉皮。

（2）将梅菜泡发后洗净，切碎备用。

（3）锅中加油烧至六成热，将五花肉的皮朝下放入油锅中炸至金黄色后捞出，用流水漂洗以去除油脂。

（4）将晾凉的五花肉切成厚块。

（5）起锅放入姜蓉、蒜头、五花肉一起煸炒，再下盐、白砂糖、老抽、蚝油，倒入客家黄酒，炒至五花肉变色。将肉捞起来，味汁留在锅内，再放入梅菜焖香后取出。

（6）将肉皮朝碗底码好，焖好的梅菜放在肉上面，味汁倒入碗内。然后将碗放入蒸笼，用大火将水烧开后改慢火蒸约60分钟。

（7）将碗里的汁液倒入锅中烧沸，加湿淀粉勾芡，再淋到扣在盘里的肉上即可。

小提示

（1）五花肉用水煮至刚熟即可，不要煮得太久；涂老抽上色后要及时在皮上扎孔。

（2）炸肉时要注意安全，防止热油外溅。

创新建议

（1）可以尝试先将梅菜用小火炒香，再码放在扣肉上面。

（2）可以尝试使用不同的调味料，如蜂蜜、柠檬汁、腐乳汁等，为扣肉增添独特的口感和风味。或者加入适量的香料，如八角、桂皮、香叶等，提升扣肉的香气和层次感。

客家萝卜丸

烹饪工艺

蒸

小知识

萝卜丸虽然做法简单，却是客家人非常喜欢的家常菜肴，也是逢年过节宴请亲朋好友的必做之菜。圆圆的萝卜丸寓意全家平安团圆。

风味特点：
晶莹剔透、清香扑鼻、软糯爽滑、鲜甜味美

原料

（1）白萝卜400克。

（2）淀粉40克、虾米6克、蒜白10克、盐5克、胡椒粉2克、食用油适量。

制作

（1）白萝卜洗净后去皮切丝，蒜白切碎，虾米涨发后切成小粒。

（2）将萝卜丝焯水后过冷水，沥干水分。

（3）起锅热油，先放入蒜碎、虾米粒爆香，再下盐、胡椒粉炒至变色，盛起放入萝卜丝中，加淀粉拌匀后捏成丸子状。

（4）将做好的丸子放入蒸笼，中火蒸约8分钟即可。

小提示

做好的丸子既可清蒸，也可油炸。喜欢吃肉的话也可以放肉。

创新建议

（1）除了基础的做法之外，可以尝试根据个人口味在萝卜丸里面加入各种肉馅，如新鲜鱿鱼、牛肉碎等，以丰富菜品口感。

（2）萝卜丸除了传统的清蒸之外，可以尝试裹上面粉后油炸，以创造独特的口感。

客家蛋饺煲

烹饪工艺

煲

小知识

客家蛋饺煲是一道客家传统菜肴，是客家饮食文化中“酿文化”的代表之一。客家人从中原地区迁徙到岭南地区后，思念家乡的饺子。但因气候、地理环境、物产条件等因素影响，当地没有小麦作物，客家人只好就地取材代替饺子原料，形成了具有浓厚客家特色的酿菜文化。因此客家蛋饺煲是当时中原地区先进的饮食文化与岭南文化融合的产物。它寄托了客家人的思乡情怀和因地制宜的创新思想。

风味特点：

口感嫩滑、味道鲜香、清爽可口、老少皆宜

原料

（1）鸡蛋5个、去皮五花肉200克、白萝卜150克、鱼肉50克。

（2）葱花5克、芹菜梗50克、盐8克、味精2克、胡椒粉0.5克、鱼露5克、二汤300克、食用油适量。

制作

（1）将五花肉、鱼肉洗净后剁碎，撒上4克盐后继续剁至粘刀起胶，装好备用。

（2）白萝卜去皮切丝，芹菜梗洗净切成段，放入砂锅垫底。

（3）将鸡蛋打散，加入1克盐搅打至蛋液均匀。

（4）起锅热油，每次放入1小勺蛋液摊成小蛋饼，将肉馅放在蛋饼上包成饺子状，再煎至两面金黄。

（5）蛋饺做完后放入砂锅，加入盐、味精、胡椒粉、鱼露、二汤，大火烧开后转中小火，慢煲约5分钟。上桌前撒上葱花即可。

小提示

（1）蛋液要充分打散，不能结团。

（2）煎蛋饼时要先滑锅。另外要注意火候，火不能太大，要用小火煎制，防止煎煳。

创新建议

（1）可以在传统的肉馅中加入虾仁、干贝等海鲜食材，增添菜肴的鲜美度和层次感。海鲜的鲜味与鱼肉的肉香相互融合，可形成独特的口感体验。

（2）配菜除了常见的萝卜丝、芹菜梗外，还可以尝试加入西蓝花、菠菜、蘑菇等蔬菜，以增加菜肴的色彩和营养价值。这些蔬菜的加入不仅能丰富菜肴的口感，还能提升菜肴的整体美感。

盐焗鸡

烹饪工艺

盐焗

小知识

盐焗鸡是客家传统美食，也是客家菜的招牌菜式之一。焗是客家菜中常见的烹调方法之一。炒盐是古法制作盐焗鸡的一个重要环节，所用的盐须是大粒无碘的粗盐。2015年，盐焗鸡烹饪技艺被列入惠州市第六批市级非物质文化遗产名录。

风味特点：

骨香肉滑、咸口味鲜

原料

（1）光鸡1只（约1200克）、粗盐2500克。

（2）姜片5克、葱条15克、八角4颗、盐10克、味精10克、老抽15克、绍酒20克、沙姜粉3克、芝麻油10克、花生油100克、猪油100克。

制作

（1）将光鸡洗净晾干，用刀斩去指尖和嘴上硬壳；在鸡翅两边各切一刀，割断翅筋；用刀背略捶鸡背，敲断鸡骨。在鸡内外涂上盐，将葱条、姜片、八角放入鸡膛内，再在鸡表面涂上绍酒、老抽、芝麻油，把鸡脚插入鸡腹内。

（2）取3张纱纸平铺在桌面上，上面2张涂上猪油，然后将鸡包裹起来。

（3）取沙姜粉、味精、盐放在碟子中，加入花生油拌匀，做成蘸料备用。

（4）锅中下粗盐炒至滚热，取出部分盐后，将锅中的盐扒开，放入包好的鸡，再将取出的那部分盐盖在鸡上面，盖上锅盖用中小火焗50分钟左右。将焗熟的鸡取出，去掉纱纸。

（5）将鸡皮撕成片状，鸡肉撕成条状，鸡骨拆散，加入少许做好的蘸料拌匀即可摆盘上桌。

小提示

（1）光鸡表面要擦干净水分，否则会影响色泽及味道。

（2）粗盐炒至滚热时会有青烟冒出，有爆响声发出。焗的时候，闻到盐香味，鸡就熟了。

创新建议

（1）可以尝试使用不同的腌制调料，如蜂蜜、柠檬汁、姜黄粉等，为盐焗鸡增添独特的口感和风味。

（2）可以尝试使用不同的烹饪方式，如电焗法、水焗法等，以保留鸡肉的嫩滑和鲜美。

六、经典潮州菜制作

潮州菜在上千年的发展演变过程中不断融合吸收广府菜以及周边闽南菜的特点，不断创新，形成了自己独有的风格。

1. 潮州菜的制作要点

潮州菜历史悠久，独成一派，是我国饮食文化的重要组成部分。其制作要点主要体现在以下几个方面：

（1）擅烹海鲜。

潮汕地区坐落于韩江的中下游地带，凭借其依山傍海的地理位置，形成了“靠山吃山，靠海吃海”的独特生活方式。潮汕人的饮食大半源自丰富的海洋生物，诸如鱼、虾、蚌、蛤等，种类繁多，形态各异。得益于这片水域的慷慨馈赠以及当地人对海鲜的偏爱，潮州菜在烹调海鲜方面尤为突出。在潮州菜文化中，有“无海鲜不成宴”之说。据统计，在《中国潮州名菜谱》收录的潮州菜中，水产类菜肴占44.2%的比例，共计113道菜品。

此外，潮汕地区的餐厅在烹制海鲜时，极为注重食材的新鲜度，确保每一条海捕鱼都源自本地，且是当天捕捞、当天烹饪。他们深知“海鲜之味，贵在鲜”，因此，在保留海鲜原汁原味、追求清鲜爽口的同时，也极为讲究调味艺术，巧妙运用各种调料对主料进行加工，以赋予海鲜独特的鲜美滋味。

（2）食源广泛。

除了海产丰富外，潮汕地区的陆上食材也种类繁多，用“瓜果时蔬常青、家畜家禽满栏、粮油糖酱满仓”来形容是一点也不夸张。充满智慧的潮汕人就地选用新鲜的食材，烹饪出一道道美食佳肴。潮州菜师傅除了擅长烹制海鲜等高档食材外，像薯芋谷麦、瓜果茄豆，甚至是山间野菜，经过匠心制作，也都能让其上桌入席。

（3）刀工讲究。

潮州菜讲究刀工精细，厨师需要根据菜肴的需求，将食材切成不同的形状和大小。精细的刀工不仅能使菜肴更加美观，还能使食材在烹饪过程中受热均匀，提高菜肴的口感和品质。此外，潮州菜师傅们不仅仅是厨师，更像是工艺师。他们常以本土出产的各类蔬菜瓜果为原料，雕刻各种花卉、飞禽等图案，使一道道菜品色、香、味、形、意俱佳。

比如，笋花雕刻就是潮州菜烹调技艺中一项独特的、极富艺术性的技术。潮汕地区盛产竹笋，潮州菜的炆、炒、汤、炖等蒸调方法经常将竹笋用作配料。

于是富有想象力的潮州菜厨师，便将用作配料的竹笋雕成花鸟虫鱼等图案。

（4）摆盘精良。

潮州菜在摆盘艺术上精益求精，力求呈现视觉美感与深远意境。每一道菜肴都被精心布置于盘中，色彩相互映衬，和谐悦目，有时更巧妙地融入花草、果实等自然元素作为装饰，使得菜品不仅美味，更添一份观赏价值。至于盛装菜肴的器皿，潮州菜同样考究，多选用精致的瓷器或陶器，以此衬托出菜品的绚烂色彩与诱人光泽。在当前这个既重视口感又看重外观的时代，潮州菜的厨师们始终不懈地探索着传统与创新的融合之路。他们紧跟现代审美趋势，运用新颖材料与先进技术进行创意造型设计，使得每一道菜品都成为令人眼前一亮、心旷神怡的艺术佳作。

（5）烹调方法多样。

在长期的发展过程中，潮州菜吸收并实践中原菜系甚至西餐的烹饪技艺，博采海内外各地名食的精华，形成了独具特色的烹调方法和技艺，如炒、炖、炊、炆、炸、油泡、焗、白灼、烙、卤、醉、返沙（翻沙）、糕烧、熏、烧烤、冻、煲、铁板烧等。这些烹调方法和技艺各具特色，能够制作出不同口味和风味的菜肴。

此外，潮州菜还以独特的酱碟闻名。潮州菜的酱碟不仅品种繁多，而且搭配合理。潮州菜常用的酱碟有鱼露、老抽、桔油、梅膏、三渗酱、辣椒酱、沙茶酱、虾料、蒜泥醋、浙醋、白醋、椒盐、姜米醋、芥辣、辣椒醋等，数不胜数。

（6）注重原汁原味。

潮州菜在制作过程中非常注重保持食材的原汁原味。对于海鲜等原料，潮州菜常采用生腌、白灼等烹调方法，以突出其鲜美口感。同时，潮州菜在制作汤菜时也非常讲究，要求汤料多而汤水少，不断去除汤中的油脂和杂质，使其清澈澄明而精华毕聚。

（7）善于创新融合。

潮州菜在长期的发展过程中，不仅保留了传统特色，还善于吸收其他菜系的长处进行创新融合。

比如，潮州菜中的煲和铁板烧就是近年来学习外地菜系而形成的新的烹调方法。这些创新融合使得潮州菜更加丰富多彩，满足不同食客的口味需求。

2. 潮州菜制作实例

下面介绍几道经典潮州菜的制作方法。

姜葱炒蟹

烹饪工艺

炒

小知识

姜葱炒蟹是一道色、香、味俱全的家常粤菜。此菜品取鲜活的蟹即剥即炒，添加葱、姜等配料去腥增香。这些配料与蟹肉的鲜美相结合，使得菜肴口感丰富，味道层次分明。

风味特点：

鲜香脆嫩、回味悠长

原料

（1）花蟹1只。

（2）姜1块，葱4根，沙拉油、盐、绍酒、淀粉、胡椒粉、白砂糖适量。

制作

（1）将花蟹洗净，去除鳃后斩成小块。

（2）将蟹肉用胡椒粉、绍酒腌渍后，放入淀粉拍匀。

（3）姜切丝，葱切段。

（4）起锅热油，油温至五成热时倒入蟹肉，炸至两面金黄后捞出备用。

（5）锅内留底油，放入葱、姜煸炒出香味。

（6）倒入蟹肉煸炒，加入盐、白砂糖、绍酒调味，用淀粉勾薄芡，最后撒入葱段即可出锅。

小提示

（1）螃蟹比较脏，一定要把鳃去除干净再斩块。

（2）炸螃蟹时火一定要大，把螃蟹炸熟，炸至金黄色。

创新建议

（1）传统的姜葱炒蟹多选用三点蟹、兰花蟹等，可以尝试使用其他种类的螃蟹，如梭子蟹、大闸蟹等，以带来不同的口感和风味。

（2）螃蟹除了采取上述制作方法中的炸制方式，还可以尝试改变烹饪方式，如采用蒸煮、快炒等不同的烹饪方式，以带来不同的口感体验。

潮州小炒皇

烹饪工艺

炒

小知识

潮汕各地都有自己独具特色的小炒皇，用料和做法有所不同，但都用料新鲜，以丰富的口感和多样的食材搭配著称。这道菜不仅满足了食客多方面的营养需求，还通过大火快炒的方式，使得菜品香气扑鼻，味道鲜美。

风味特点：

咸鲜清爽、脆嫩并济、颜色鲜亮、香气十足

原料

（1）猪肉100克。

（2）鲜鱿鱼60克，海蜇皮50克，绿豆芽50克，冬笋50克，韭黄50克，青红椒10克，葱段5克，盐2克，蒜蓉5克，蚝油5克，淀粉5克，白砂糖1克，鸡蛋清、食用油适量。

制作

（1）把鲜鱿鱼的外皮撕掉，和海蜇皮一同切成丝后焯水，捞出备用。

（2）将猪肉切丝，用淀粉、鸡蛋清浆一下后滑锅。

（3）青红椒切丝，绿豆芽去两头，冬笋切丝，韭黄切段，一起焯水，捞出沥干水分。

（4）将盐、蚝油、白砂糖和淀粉调成汁备用。

（5）起锅放少许油，下葱段和蒜蓉爆香，然后下所有原料，大火翻炒几下放入调好的汁，炒匀后即可出锅装盘。

小提示

（1）鲜鱿鱼需要把外皮撕下来，不然吃的时候口感是韧的；海蜇丝焯水后会收缩，可切得稍微粗一点。

（2）此菜最关键的是要用大火爆出“锅气”，这样才会香气十足。

创新建议

（1）除了传统的蔬菜搭配，如绿豆芽、韭黄、青红椒等，还可以尝试加入其他蔬菜，如西芹、百合、芦笋等，使菜品更加丰富多样。

（2）根据现代人的口味偏好，可以适当调整传统调味料的比例，如减少盐的使用量，增加一些提鲜的调味料，如鸡精、味精等。

沙茶牛肉炒粿条

烹饪工艺

炒

小知识

沙茶起源于南洋，创新于潮汕。相传，早年间在南洋的潮汕人将“沙爹”带回家乡，对其进行改良，最终成为潮汕地区特有的调料。由于潮汕话中“茶”与“爹”同音，因此潮汕人将这种新的调料称为沙茶酱。沙茶酱与牛肉是绝妙的搭配，做出的菜品质感软嫩，香气浓郁。

风味特点：
香浓嫩滑、米香弹滑

原料

（1）牛肉500克、芥蓝500克、粿条1人份。
（2）菜脯、鸡精、生粉、食用油、酱油、沙茶酱、盐适量。

制作

（1）将芥蓝洗净切段。
（2）将牛肉洗净切薄片，加入盐、沙茶酱、食用油，搅拌均匀腌制。
（3）起锅热油，下芥蓝翻炒，中途加点开水，炒几下再加入菜脯。
（4）倒入粿条，加入鸡精、盐和酱油，翻炒后盛起备用。
（5）将生粉和清水调成芡汁备用。
（6）把腌好的牛肉和芡汁一起煮熟，淋在粿条上即可。

小提示

（1）沙茶酱是这道菜的灵魂调料，其咸香能够很好地提升牛肉和粿条的口感。腌制牛肉时只加盐、沙茶酱、食用油即可，无须过多添加其他调料。

（2）炒牛肉时要快速翻炒，避免炒老影响口感。炒粿条时要用大火猛炒，使粿条更加香脆可口。

创新建议

（1）除了传统的芥蓝、菜脯外，还可以尝试添加其他辅料，如番茄、豆芽和葱段等，以增加菜品的多样性和口感层次。

（2）出锅前可以尝试加入适量的胡椒粉或鱼露来调味调色。

潮州炸粿肉

烹饪工艺
炸

小知识

炸粿肉是广东潮汕地区的传统小吃，也是潮汕人逢年过节、请客吃饭时餐桌上最常见的菜品之一。无论身在何处，提起潮州炸粿肉都能引起潮汕人的乡愁。对于潮汕人来说，粿肉不仅是美食，更是对家乡的思念和回忆。

风味特点：
外酥里嫩、皮薄香脆、馅鲜饱满、余味无穷

原料

（1）猪肉500克、马蹄500克、腐膜数张、蒜头200克、洋葱200克、鸡蛋2个。

（2）薯粉50克，五香粉、胡椒粉、盐、食用油适量。

制作

（1）将猪肉去皮切丁，加入五香粉、胡椒粉和盐腌20分钟。

（2）将马蹄剁碎，蒜头、洋葱切末，然后一起放进腌好的肉中，再放入薯粉和蛋黄拌匀。薯粉的多少决定馅料的干湿程度，以馅料捏在手里能成形为宜。

（3）取出一张腐膜铺开在砧板上（直径2～3厘米为宜），馅料沿着腐膜边缘均匀放下，然后用腐膜卷住，腐膜接口处用蛋清涂抹黏合，再沿着外沿把腐膜切断，一条粿肉就完成了。

（4）用刀将粿肉切成3厘米左右的小段。

（5）将粿肉下油锅，小火炸至金黄色即可。

小提示

（1）腐膜一般精选豆浆的头层膜。头层膜不仅豆香浓，而且膜厚，韧性也强，不易破损，吃起来更有嚼劲。

（2）卷粿肉时，要将边卷严实，炸的时候要注意火候。

创新建议

（1）除了传统的马蹄、洋葱等辅料外，还可以探索添加其他食材，如香菇、虾仁、蟹肉等，以提升粿肉的鲜美度和层次感。

（2）可以将传统馅料进行改良或创新，如加入芝士、果酱等现代调料，创造全新的口味体验。

普宁炸豆腐

烹饪工艺

炸

小知识

普宁市周边被山地环绕，水质清澈甘甜，偏碱性，能制作出口感清爽的豆腐。普宁豆腐呈方块状，有黄、白之分，以黄皮的普宁豆腐为多见，可以焗、煎或油炸。普宁炸豆腐就用了油炸之法。

风味特点：
外部香酥微热，内里幼滑细嫩

原料

（1）普宁豆腐400克。

（2）韭菜、食用油、盐适量。

制作

（1）将韭菜去根洗净，切成细末。将普宁豆腐切块。

（2）起锅热油，放入切成块的豆腐，开大火炸约5分钟。

（3）待豆腐呈微黄色时，用长筷将粘连的豆腐分开，捞起用厨房纸吸干余油。

（4）取一空碗，加入韭菜末和1汤匙盐，注入半碗凉开水调匀，做成蘸料。

（5）取一小蘸碟，盛入适量韭菜盐水，置于大碟中。

（6）将炸好的豆腐摆于蘸碟旁，吃时蘸上韭菜盐水即可。

小提示

（1）豆腐最好选用普宁豆腐，若无可用老豆腐代替。

（2）豆腐放入油锅后，即使粘锅也不能过早翻动，否则豆腐会碎掉。应待豆腐炸至微黄、稍硬时才轻轻翻动。

创新建议

（1）可以尝试使用空气炸锅或烤箱等现代烹饪工具来炸制豆腐。这些烹饪工具能够减少油脂的使用量，同时保持豆腐的酥脆口感。

（2）可以尝试在炸好的豆腐上刷上一层薄薄的蜂蜜或糖浆，增加菜品的甜味和光泽感。

潮州蚝仔烙

烹饪工艺

煎

小知识

“蚝烙”即“蚝煎”，因为潮州的“烙”，实际是潮菜烹调方法中的“煎”。蚝仔烙是一道具有潮州特色，色、香、味俱全的传统名点。蚝仔烙表皮香酥，白玉般的蚝仔滑腻鲜美，吃起来别有风味。

风味特点：
酥脆而不硬、多汁而不软、入口鲜滑、香而不腻

原料

（1）珍珠蚝750克、鸡蛋2个。

（2）薯粉、生粉、盐、葱、鱼露、胡椒粉、食用油适量。

制作

（1）将珍珠蚝用水浸开，挑出蚝肉，沥干后加盐和生粉抓匀，然后用流动的水冲洗干净并沥干。

（2）将鸡蛋打散成蛋液备用。

（3）在薯粉中加入适量的水，搅拌均匀备用。

（4）葱切末，将葱和蚝肉加入拌均匀的薯粉水中。

（5）起锅热油，旺火，倒入香葱蚝肉薯粉水，煎至略微成形，改中火。

（6）将搅拌好的鸡蛋液淋入。待鸡蛋液凝固后翻面，翻面后再淋上鸡蛋液，煎至两面金黄即可出锅。

小提示

（1）清洗蚝肉时，注意揉搓的力度，不要把蚝肉弄破。

（2）装盘后可在蚝烙中间放上香菜点缀，配以鱼露、胡椒粉佐食。

创新建议

（1）这道菜肴传统的烹调方法是煎烙，现在根据顾客的需求也可尝试用煎炸的方法来制作，以获得不同的口感和风味。

（2）传统的潮州蚝仔烙通常搭配鱼露和胡椒粉调制的酱汁，现在可以尝试用甜辣酱、番茄酱、辣椒酱等现代口味酱汁来搭配，以增加菜品风味的多样性。

水瓜煮鱼蛋

烹饪工艺

煮

小知识

水瓜含有独特的清香，营养丰富，维生素含量较高，有健脑、美容、抗病毒的功效。水瓜与富含蛋白质的鱼蛋结合做成菜，味美且养生。

风味特点：
清甜鲜嫩、营养丰富

原料

（1）海鳗1000克、水瓜2条。

（2）葱花、姜、盐、食用油适量。

制作

（1）海鳗取净肉，加工成鱼丸和鱼条。

（2）将水瓜削皮洗净，切成三角形。

（3）将鱼条切成片状。

（4）煲中放水，烧开后先放入姜和鱼丸、鱼条滚一下，再放水瓜。滚至刚熟时放油、盐，熄火后放入葱花即可。

小提示

（1）如果没有时间做鱼条，用鱼丸烹制即可。

（2）将水瓜滚刀切，尽量保持大小均匀；不要煮太久，保持水瓜的脆嫩口感。

创新建议

（1）除了鱼丸，还可以尝试加入虾仁、带子、扇贝等海鲜，增加菜品的鲜味和多样性。

（2）可以尝试使用鸡汤、鱼汤等高汤代替清水煮制，增加菜品的鲜美度。

菜脯煎蛋

烹饪工艺

煎

小知识

潮汕地区的人们喜欢将用白萝卜腌制成的咸萝卜干称为菜脯。腌制时间较长的菜脯称为老菜脯，为潮汕三宝之一。菜脯咸香脆口、消食开胃，配粥一流。

风味特点：

外酥里嫩、咸香可口、香气扑鼻

原料

（1）鸡蛋4个、菜脯50克。

（2）食用油适量。

制作

（1）将菜脯洗净，切成小粒。

（2）将鸡蛋打成蛋液。

（3）锅里放油烧热，将菜脯粒倒入锅中用小火炒几下，将菜脯的香气炒出来。

（4）将炒香的菜脯放入蛋液中搅匀。

（5）锅里放油烧热，倒入蛋液，改中大火煎一会儿，一面煎好后翻过来煎另一面，煎好即可关火装盘。

小提示

（1）菜脯有新老之分，新菜脯味道清甜，口感爽脆；老菜脯味道偏咸，醇香味浓一点，口感较软糯。

（2）菜脯本身有咸味，因此无须往蛋液加盐调味，否则蛋饼会过咸，难以入口。

创新建议

（1）可以尝试加入菠菜、彩椒、香菇等蔬菜，不仅能增加菜品的色彩，还能提升菜品的营养价值和口感层次。

（2）可以尝试将蛋液分层加入，每层之间夹入不同食材（如蔬菜丝、肉松），形成多层口感。

返沙芋头

烹饪工艺

返沙

小知识

返沙芋头是一道著名的潮汕小吃。返沙是潮州菜的一种烹调方法，做法是把白糖融成糖浆后投入炸熟的食材，让其冷却凝固，待裹在食材外层的糖浆变成白霜即可。在潮汕小吃中，返沙芋头和番薯常摆放在同一盘中，称为“金柱银柱”。

风味特点：
甜而不腻、外甜内糯

原料

（1）芋头750克。

（2）葱15克、花生碎25克、白砂糖400克、花生油适量。

制作

（1）芋头去皮，切成条状备用；葱切段备用。

（2）起锅热油，油温升至150摄氏度左右时将芋头放入，炸至金黄色后捞出沥油。

（3）另起锅热油，将葱段炒香后，加入白砂糖和少许清水，煮成冒大白气泡的糖浆。把炸好的芋头和花生碎倒入糖浆中，轻快地翻炒，让芋头表面凝结一层白霜般的糖粉即可。

小提示

（1）熬制糖浆时，白砂糖和水的比例大概是1：1，要用小火慢熬。

（2）返沙时不能翻炒得太频繁，否则芋头不能完全裹上糖浆，会影响成菜质量。

创新建议

（1）可以尝试使用不同的糖种，如红糖、冰糖等，以探索不同的甜味和色泽。

（2）可以尝试调整糖浆的浓稠度和温度，以获得更加细腻的返沙效果。

糕烧白果

烹饪工艺

返沙

小知识

糕烧白果是潮汕地区的传统甜品，尤其在汕头的年夜饭中必不可少。这道甜品不仅蕴含着家人长命百岁、子孙相传的美好寓意，还因其制作工序烦琐、耗时长，在过年时常需要全家总动员共同制作，从而营造出浓厚的节日氛围。

风味特点：
柔韧香甜、清甜香滑、甜而不腻

原料

（1）白果750克、肥猪肉75克。

（2）橘饼粒50克、白砂糖700克。

制作

（1）将白果放进锅里加清水煮沸，再拍破去壳，逐个切半去芯，然后放进锅里用开水浸泡，再捞起、脱膜、浸冷水、反复漂洗，直至将白果膜去掉为止。

（2）取锅倒入处理好的白果，撒上白砂糖腌制约1小时，再加适量清水用慢火煮约30分钟。

（3）将肥猪肉切粒，汆水后用100克白砂糖腌制。

（4）将糖渍好的白果放入锅中，加适量清水烧开，再加入糖渍好的肥猪肉与橘饼粒，煮开后转小火煮，要不断翻搅以免粘锅，煮至黏稠状即可出锅装盘。

小提示

（1）白果有微毒，毒素主要集中在胚芽和种皮内，因此烹调之前需要先去除白果的壳、膜以及胚芽（芯），并多次替换浸泡的水，以免发生中毒。

（2）装盘时可挑去肥肉。

创新建议

（1）可以尝试使用低糖、低脂的配方来制作糕烧白果，以满足现代人对健康饮食的需求。

（2）可以尝试制作果酱、糖浆等作为配料，为糕烧白果增添新的风味层次。